Johann Eduard Wappäus

Die Republik Paraguay

Geographisch und statistisch

Johann Eduard Wappäus

Die Republik Paraguay
Geographisch und statistisch

ISBN/EAN: 9783741167607

Hergestellt in Europa, USA, Kanada, Australien, Japan

Cover: Foto ©Klaus-Uwe Gerhardt /pixelio.de

Manufactured and distributed by brebook publishing software
(www.brebook.com)

Johann Eduard Wappäus

Die Republik Paraguay

Die

Republik Paraguay

geographisch und statistisch

dargestellt

von

Dr. J. E. Wappäus

o. ö. Professor an der Georg-August's-Universität und Consul der Republik Chile zu Göttingen.

———

(Abgedruckt aus des Verfassers Umarbeitung des Handbuches der Geographie und Statistik
von Stein und Hörschelmann, 7te Aufl. Bd. I. 15. Lieferung.)

———

Leipzig, 1867.

Verlag der J. C. Hinrichs'schen Buchhandlung.

Vorwort.

Wie Vorworte gewöhnlich, so ist auch dieses ganz besonders ein Nachwort, in welchem ich mich gern noch einmal gegen den Leser, wie ich ihn mir denke, über die Veranlassung zu der Herausgabe dieses Auszuges aus meinem Handbuche der Geographie und Statistik von Amerika äußern und überdies noch einen kleinen Nachtrag zu der Arbeit mittheilen möchte, die bereits vor mehreren Monaten abgeschlossen ist.

Wir sehen in den La Plataländern jetzt seit länger als zwei Jahren einen Krieg geführt, der für südamerikanische Verhältnisse nach und nach wahrhaft riesige Dimensionen angenommen hat. Das Kaiserreich Brasilien hat sich mit der Argentinischen und der Orientalischen Republik (Uruguay) zu einer offensiven und defensiven, gegen die Republik Paraguay gerichteten Allianz verbündet. Nach Art. 18 dieser unter dem 1. Mai 1865 zu Buenos Aires abgeschlossenen geheimen, aber durch die Indiscretion eines englischen Diplomaten bald darauf bekannt gewordenen Tripelallianz verpflichten sich die verbündeten Regierungen, die Waffen nicht anders niederzulegen als nach einem gemeinsamen Uebereinkommen und nicht ehe der Sturz des gegenwärtigen Gouvernements von Paraguay erreicht worden. Art. 8 spricht zwar aus, daß der Krieg nicht gegen das Volk von Paraguay, sondern gegen seine Regierung geführt werde, und daß die Unabhängigkeit, die Souverainetät und die territoriale Integrität der Republik Paraguay respectirt werden solle; allein im Art. 16 wird dies Versprechen wieder aufgehoben, indem dort eine Feststellung der künftigen Grenzen von Paraguay vereinbart wird, durch welche weite Gebiete den Alliirten zugesprochen werden, deren Besitz die Republik Paraguay immer als eine Bedingung ihrer Existenz bezeichnet hat und deren Abtrennung zusammen mit den weiteren Bestimmungen über die Behandlung des Landes nach dem Sturze der gegenwärtigen Regierung, d. h. des Präsidenten Francisco Solano Lopez, die Fortdauer der nationalen Selbständigkeit Paraguay's zu einer Unmöglichkeit machen würde. Man muß daher sagen, daß der eigentliche Zweck dieses Krieges die Vernichtung der selbständigen Nationalität Paraguay's ist, wie sich diese in den letz-

ten funfzig Jahren so bedeutungsvoll herausgebildet hat, und wer die Geschichte des Jahrhunderts lang fortgesetzten und durch die Emancipation nicht
abgeschlossenen Antagonismus der portugiesischen und der spanischen Race in
Süd-Amerika kennt, kann auch eben so wenig darüber in Zweifel seyn, daß
dieser Krieg, obgleich zwei Republiken spanischer Nationalität ihn in Verbindung mit Brasilien angefangen haben, seiner eigentlichen Natur nach ein Racen-
kampf ist und zwar ein Kampf der portugiesischen mit der spanischen Nationalität um die Hegemonie in Süd-Amerika, wie darüber, daß dieser Kampf auch
um so deutlicher ein reiner Kampf zwischen Republik und Monarchie werden
muß, je mehr dieser Krieg von Brasilien allein fortgesetzt werden wird, welches thatsächlich schon gegenwärtig ihn fast allein führt, nachdem das kleine
von Uruguay gestellte Contingent aufgerieben und nicht wieder ersetzt worden
und das argentinische Contingent zum großen Theil hat zurückgezogen werden
müssen, um zur Niederhaltung der in den Argentinischen Binnenprovinzen gegen die Allianz mit Brasilien gerichteten revolutionären Bewegungen verwendet
zu werden, nicht zu gedenken, daß Brasilien auch von Anfang an allein durch
seine Subsidien es den beiden Republiken möglich gemacht hat, an dem Kriege
Theil zu nehmen.

Wir Deutsche haben wohl Ursache, diesen Kampf zwischen Monarchie und
Republik in der Neuen Welt, der aller Wahrscheinlichkeit nach dort unter den aus
den europäischen Colonien entstandenen Staaten, den Völkern eines Neuen Europa's, ausgekämpft werden wird und dessen endliches Resultat von mächtigster
Rückwirkung auch auf das alte Europa und insbesondere auf Deutschland werden muß, mit Aufmerksamkeit zu verfolgen, zumal der erste Act dieses welt-
geschichtlichen Dramas, der in Mexiko aufgeführt worden, mit der Niederlage
der Monarchie geendigt hat.

Das altersschwache Europa, wie Al. v. Humboldt sich schon vor dreißig
Jahren bei einer vergleichenden Betrachtung der Staaten Amerika's und Europa's ausdrückte, hat dieser in den La Plataländern sich vollziehenden großen
politischen Krisis, in welche der größte Theil des übrigen spanischen Süd-
Amerika's (die Republiken von Peru, Chile und Bolivia) bereits mindestens
diplomatisch mit hineingezogen worden, bisher ruhig, ohne sich zu rühren, zu-
gesehen, obgleich es bei dem gegenwärtigen Kriege schon auch mit seinen com-
merciellen Interessen sehr erheblich betheiligt ist. Die europäischen Mächte,
welche die Freiheit der Schifffahrt auf dem Paraguay mit garantirt haben,
welcher nun ebenso wie die ganze Republik Paraguay für den Handelsverkehr
durch diesen Krieg seit zwei Jahren hermetisch verschlossen ist, England und
Frankreich haben den Vereinigten Staaten von Nord-Amerika die Ehre überlassen, die Initiative zu einer Mediation zwischen der Tripel-Allianz und Paraguay zu ergreifen und dadurch der Union es zugestanden, einen ungeheuren
Schritt vorwärts in der Durchführung der Monroe-Doctrin zu thun, ja dieselbe in sehr bedenklicher Weise noch zu erweitern. Hieß es bisher: „Amerika
den Amerikanern", so wird später, gelingt es diese Mediation siegreich und
ohne Concurrenz Europa's durchzuführen, die Doctrin lauten: „Amerika der
Union."

Zwar sind die Vermittelungsvorschläge des Cabinets von Washington — die im Wesentlichen darauf hinausgehen, die künftige Unabhängigkeit und Selbständigkeit Paraguay's unter die Garantie der verbündeten Staaten und der nordamerikanischen Union zu stellen und die definitive Regulirung der Grenzen zwischen Paraguay, Brasilien und der Argentinischen Republik einer Commission von Unparteiischen ad hoc zu Washington zu übertragen — bis jetzt nur von Paraguay angenommen; die Argentinische Republik hat sie in einer Note vom 8. April mit einem langen Exposé begleitet, welches Paraguay der fortgesetzten schwersten Verbrechen gegen das Völkerrecht beschuldigt und den Präsidenten Lopez allein vor Gott und Menschen für das Blutvergießen verantwortlich macht, abgelehnt und Brasilien hat in einer Note vom 26. April darauf erwidert, daß es unfähig sey, der im Interesse des Friedens gemachten Einladung zuzustimmen, indem die brasilianische Provinz Mato Grosso noch von den Streitkräften des Marschall Lopez occupirt sey und überdies ein auf der vorgeschlagenen Basis geschlossener Friede keine hinreichenden Garantien in den Antecedentien des gegenwärtigen Präsidenten von Paraguay finden würde. An Uruguay scheint der Vermittelungsvorschlag gar nicht besonders gerichtet worden zu seyn, wahrscheinlich weil, nachdem das Contingent Uruguay's aufgerieben worden und dessen Commandeur, der Präsident Flores, nach Montevideo zurückgekehrt ist und dort die Regierung wieder übernommen hat, Uruguay von den Vereinigten Staaten gar nicht mehr als kriegführender Genosse der Tripel-Allianz angesehen wird. Es ist dies wohl ein Fingerzeig, daß, wenn die Vermittelungsvorschläge der Vereinigten Staaten wiederholt werden sollten, sie nur noch an Paraguay und Brasilien werden gerichtet werden, denn auch die Argentinische Republik wird wohl bald an dem Kriege gegen Paraguay keinen Theil mehr haben *) und dann wird die Sprache der Union an Brasilien wohl anders lauten. Denn alsdann ist der Krieg gegen Paraguay ein Krieg des monarchischen Staates portugiesischer Nationalität gegen den republikanischen Staat spanischer Nationalität, und somit klärlich ein Krieg der Monarchie gegen die Republik geworden. Bezeichnend ist in dieser Beziehung auch die Note, welche der amerikanische Gesandte, Charles A. Washburn, der es auch trotz der anfänglichen Protestation der Alliirten erreicht hat, durch ihr Lager nach Asuncion durchgelassen zu werden, von dort aus an den brasilianischen General en Chef der alliirten Armee, Marquez de Caxias, unter dem 19. März 1867 gerichtet hat. **)

Göttingen den 23. Juli 1867.

J. E. Bappäus.

Zusätze.

* Aller Wahrscheinlichkeit nach wird die Argentinische Republik bald gezwungen werden, sich auch förmlich von der Allianz mit Brasilien gegen Paraguay loszusagen, selbst wenn dem der Sturz ihres gegenwärtigen Präsidenten, der allgemein als der eigentliche Träger dieser Allianz angesehen wird, nothwendig seyn sollte. Denn wenn auch die Revolution in den inneren Provinzen der Republik (Mendoza, San Juan u. s. w.), welche gegen die Central-Regierung dieses Krieges wegen ausgebrochen war und die von Chile aus unterstützt werden soll, den neuesten Nachrichten zufolge wirklich völlig niedergeschlagen seyn sollte, so fordert doch die öffentliche Meinung dort immer dringlicher den Frieden mit Paraguay. Als einen Beweis dafür erlaube ich mir einige Auszüge aus Briefen hier noch mitzutheilen, welche ich aber so wie die weiter unten erwähnte diplomatische Correspondenz erst nach der Beendigung meiner Arbeit empfangen habe. — »Noch bemerkte ich,« schreibt mir unter dem 2. April d. J. ein sehr competenter Beobachter aus den La Plata-Ländern, »ein ganz eigenthümliches Symptom. Während von Anfang des Krieges an bis heute alle Staatsmänner, je nach ihren Sympathien entweder hoffend oder fürchtend, in Folge der allseitig entsetzlichen Ungleichheit der Kampfmittel als gewiß annahmen, daß die Allianz endlich unbedingt siegen, Paraguay unbedingt unterliegen müsse, ist merkwürdiger Weise von Tucuman an bis heute, obwohl die paraguanische Macht immer weiter zurückgedrängt worden ist, der Volksglaube in ganz La Plataland doch der Ansicht, daß Paraguay zuletzt siegen werde.« — Und daß gegenwärtig dies auch die Ansicht der reitigen gebildeten Klassen geworden, zeigt mir ein gleichzeitiges Schreiben eines Regimenters aus Buenos Aires, dessen Namen ich leider nicht nennen darf, so sehr derselbe die Bedeutung eines solchen Ausspruches von einem in der argentinischen Gesellschaft so hoch gestellten Manne auch erhöhen würde, in welchem es heißt: »Sie wissen, daß jetzt viel von Frieden mit Paraguay die Rede ist und daß dafür die Nordamerikaner sich interessiren. Wenn Lopez seine gegenwärtige Stellung noch ein Paar Monate halten kann, so kann die Situation nur durch eine Transaction entschieden werden. Die Brasilianer mögen einen militärischen Triumph herbeiwünschen; sie sind dessen aber nicht fähig, weil sie weder ein Heer noch Generäle, auch irgend etwas, was dazu erforderlich, haben. Die Panzerfahrzeuge erfordern beherzte Männer an Bord, und haben nur Mulatten ohne Ehrgefühl und ohne Disciplin. Die Allianz ist impotent und faul: gegenwärtig sind die Argentiner am meisten darauf bedacht, den Krieg zu beendigen durch eine Verständigung mit Lopez aus Gründen, welche kürzlich die »Tribuna« propagirte, Gründen, welche denjenigen aus dem Herzen gesprochen waren, welche die wahren Interessen der Republiken des La Plata kennen und die Politik, welche ihnen zu befolgen gebührt, und die sie befolgen würden, wenn sie die allgemeine Meinung hörten. Unsere natürlichen Feinde sind die Brasilianer, unsere natürlichen Alliirten die Paraguayos. Die Geschichte dieser Jahrhunderte der Colonialzeit dieser Länder ist die des Antagonismus zwischen den Kronen von Portugal und Castilien, und dieser Antagonismus wird fortdauern, so lange der Unterschied der beiden Sprachen seine Geltung unter sich verschiedenen Völker behält. Ein sehr einsichtiger Chef des argentinischen Heeres sagte mir in Rosario, indem er seine Meinung über den gegenwärtigen Krieg resümirte: »Das einzige Ehrenwerthe hiebei ist Paraguay und sein Präsident Lopez« (lo unico que hai en ella digno y respetable es el Paraguay y su presidente Lopez). Dies wird das Urtheil der Geschichte und der unparteiischen Welt seyn. Die Zeit wird es lehren, wie immens die materiellen und moralischen Verluste sind, welche dieser unselige Krieg den alliirten Nationen gebracht hat.« —

** In dieser Note heißt es u. a.: «Ew. Exc. haben die Inbetrachtnahme der angebotenen Mediation durch eine Vorbedingung bei Seite geschoben. Diese Bedingung ist, daß vor Allem der Präsident von Paraguay seine Funktionen niederlege und sich aus dem Lande entferne. — Niemals würden sicherlich die Vereinigten Staaten daran gedacht haben, ihre Vermittlung auf einer solchen Basis anzubieten. Diese beruht gerade auf dem Grundprincip, daß jedes Volk das unbestrittene Recht hat, die von ihm gewählte Regierungsform zu bewahren und daß alle legitime Gewalt von der Genehmigung der Nationen ausgeht. Keine fremde Macht hat das Recht, einem benachbarten Volke eine Regierung aufzudringen, welche dieses Volk nicht gewählt hat; und da das paraguayische Volk niemals die Intention zu erkennen gegeben hat, seine Regierungsform zu ändern, noch auch einen anderen höchsten Magistrat als den, welcher es jetzt regiert, an seiner Spitze zu stellen, so kann das Gouvernement der Vereinigten Staaten, in Uebereinstimmung mit seiner traditionellen Politik, den Allianzvertrag, kraft dessen sich die Verbündeten gegenseitig verpflichten, dem paraguayischen Volke eine andere Autorität als die gegenwärtige aufzulegen, nicht mit günstigen Augen ansehen. — Die allürten Mächte sind infolge der Note Ewr. Exc. entschlossen, den Krieg bis zur Umsetzung und Landesverweilung des gegenwärtigen, legal erwählten Präsidenten der Republik Paraguay, Francisco Solano Lopez, fortzuführen. Aber diese Vorbedingung für die Mediation ist offenbar so sehr wider alle Principien einer volksthümlichen Regierung, daß der Unterzeichnete eine Pflicht gegen sein Gouvernement, welches sicherlich die Erhebung einer solchen Brandmarkung gegen sein Vermittlungsanerbieten nicht abneu wird, zu erfüllen glaubt, wenn er dagegen protestirt. Der Unterzeichnete ist der Meinung, daß Ew. Exc. es ebenso befremdend (insolite) finden werden, wenn die Note eines tauschend, der Präsident Lopez die Antretung stellte, daß vor der Mediation des Kaiser von Brasilien von seinem Thron steige und der Präsident Mitre den Präsidentenstuhl verlasse. Wie nun solche Bedeutung als Antwort auf das Mediationsanerbieten einer befreundeten und neutralen Macht von dem Gouvernement der Vereinigten Staaten oder von demjenigen Sr. M. des Kaisers von Brasilien aufgenommen werden würde, überläßt der Unterzeichnete Ew. Exc. eignem Nachdenken.»

Der Abdruck der vorstehenden Zusätze so wie des Vorworts ist bis jetzt aufgeschoben worden, weil mit der Ausgabe dieses Sonderabdrucks von Paraguay doch auf die durch eine nothwendige Badereise des Verfassers verzögerte Vollendung der ganzen neuen Lieferung des Handbuches gewartet werden mußte. Es ist inzwischen in den Chancen der kriegführenden Parteien in Paraguay keine wesentliche Aenderung eingetreten. Allerdings hat die neueste Post (vom 29. September aus Montevideo und vom 9. October aus Rio de Janeiro) die Nachricht gebracht, daß die Allürten die Festung Humaitá umgangen und die Villa de Pilar, ungefähr 5 deutsche Meilen von N derselben am Paraguay gelegen, eingenommen hätten. Dies Vorrücken kann für Lopez sehr gefährlich werden, indem es die Verbindung zu Lande zwischen Humaitá und der Hauptstadt abzuschneiden kann; es kann aber auch für die Allürten oder vielmehr für die Brasilianer, weil diese noch eine Armee in Paraguay haben, verhängnißvoll werden, da Pilar auf einem schmalen Landrücken zwischen dem Rio Paraguay im Westen und den ausgedehnten Sümpfen des Rembeco im Osten und zwischen Humaitá im S. und der Hauptstadt im N. eine sehr exponirte Position bildet. Es werden deshalb zur Beurtheilung des Erfolgs dieses allerdings kühnen Vorrückens der Brasilianer die nächsten Posten abgewartet werden müssen. Auch sehen wir von Rio de Janeiro und vom La Plata aus über die Kriegsoperationen und die Chancen der Allürten verschiedene Nachrichten, nach welchen Paraguay schon vor Jahr und Tag hätte vernichtet sein müssen, zu halten ist, das zeigen wiederum die neuesten Posten. Wer etwa vierzehn Tagen ging durch die europäischen Zeitungen eine telegraphische Depesche aus Lissabon, dem ersten europäischen Hafen, den das Dampfpacketboot vom La Plata und von Brasilien berührt, nach welcher die Allürten Humaitá genommen hätten und darauf von Lopez Friedensvorschläge gemacht seien, und bald darauf publicirten unsere Zeitungen nach einem officiellen Blatte von Montevideo den vollständigen, in 10 Artikeln abgefaßten Text der von Lopez gemachten Friedensvorschläge, mit dem Zusatze, daß dieselben vom General Mitre und dem Dr. Brasilianischen Feldherrn für angenommen erklärt werden seyen. Nachdem uns aber in England die mit jenem Dampfboote vom La Plata gebrachten Zeitungen und Briefe ausgezogen werden, stellt sich heraus, daß jene Publication nicht ein Friedensvorschlag von Lopez, sondern ein Armeeanbau des Secretaire der britischen Gesandtschaft in Buenos Aires, Mr. G. Z. Gould, ist, welches von diesem nach Vereinbarung mit dem brasilianischen Gesandten in Buenos Aires und dem Präsidenten Mitre und dem Marquez de Caxias in Lager der Allürten angesetzt worden, um es gelegentlich in Paraguay, wohin Mr. Gould sich in einer besonderen, dort anwesende englische Unterthanen betreffenden Mission begab, vorzulegen. Dasselbe Packetboot hat auch schon die Antwort des paraguayischen Ministers der Auswärtigen Angelegenheiten, Luiz Caminos, an den Herrn Gould gebracht, die zurückweisend lautet. Diese Antwort so wie des Memorandums sich übrigens in wichtig zur Beurtheilung der gegenwärtigen Sachlage, als daß wir unterlassen könnten, dieselben hier noch wenigstens im Auszuge mitzutheilen. Wir zeigen, daß England jetzt in der That eine Mediation zu versuchen angefangen hat und zwar auf einer von den Alliirten acceptirten Basis, die schon als ein Aufgeben der in ihrem geheimen Tractate vom 1. Mai 1865 aufgestellten Ziele dieses Krieges gegen Paraguay erscheinen ist. Die beiden Schriftstücke lauten nach der englischen Version: 1) Memorandum des Mr. Gould:

"1st. A secret previous conference will assure the allied Powers of the acceptance on the part of the Paraguayan Government of the proposals they might be disposed to make to it.

"2nd. The Independence and the Integrity of the Republic of Paraguay will be formally recognised of the allied Powers.

"3rd. All the questions relative to the territories or boundaries in dispute before the present war will either be reserved for an ulterior conference or submitted to the arbitration of neutral Powers.

"4th. The allied troops will retire from the Paraguayan territory and the troops of Paraguay will evacuate the positions occupied by it in the territory of the Empire of Brasil, so soon as the conclusion of peace is assured.

"5th. No indemnification will be required for the expenses of the war.

"6th. The prisoners of war on both parts will be put at liberty.

"7th. The Paraguayan troops will be dismissed, excepting the number of men strictly necessary to maintain the interior tranquility of the Republic.

"8th. His Excellency the Marshal-President of the Republic will, after the conclusion of peace, or after the preliminaries of the same, withdraw to Europe, delegating the Government to the Vice-President, who, by the constitution of the Republic, is in like cases the person designated to take charge of it.

"Head-quarters Tuyu-Cue, Sept. 12, 1867.

                                                        "Signed, C. Z. Gould."

2) Antwort des Paraguayschen Ministers der auswärtigen Angelegenheiten:

"Head-quarters in Paso-Pucu, September 12, 1867.

"Mr. Secretary, I had the honour to receive the communication which you addressed to me on this date, with the memorandum you had officially presented to the chief of the allied forces, as basis to bring the questions which motived the present war to the terms of discussion.

"In the various clauses of this memorandum I find a notable difference from those you had shaped to serve as object of the conference to which you invited me, declaring that the Brasilian Minister in Buenos Ayres, and President Mitre and the Marquis de Caxias in the allied camp, had previously spoken upon it to you; however, the most salient is the condition, not only of the separation of his Excellency the Marshal-President of the Republic from the supreme Government of the State, but, likewise, which is more, of his expatriation to Europe, as is seen by the terms of clause 8 of the memorandum offered to the allied chief.

"In the points you gave me to serve as a point of starting for a discussion, you said:

"'His Excellency the Marshal-President, having concluded the war with honour to his country and fully fixed its independence and its institutions, will leave, with the consent of the National Congress (or without calling it together), the Government in the hands of the Vice-President with the end of going to Europe for some time to rest from the fatigues of the war.' — —

"In the memorandum which I have just received is found the following edition:

"'His Excellency the Marshal-President, once peace he concluded will withdraw to Europe, leaving the Government in the hands of his Excellency the Vice-President, who is in analogous cases, according to the Constitution of the Republic, the person designated to remain in charge of it.'

"The reading of both propositions and of the declaration that you made me, that the change of Government is a *sine qua non* on the part of the allies, suffices to show that I have no other course left but to repeat in my turn the declaration that this point is inacceptable, as being contrary to the honour and interests of the country.

"To satisfy you I must add that, as the Vice-President is named by the President of the Republic, according to our institutions, he is not competent to assume the supreme command of the State in the impediment of the President, and his mission is limited to convoke an Electoral Congress. — —

"The other articles of the memorandum shown to the allied chiefs may serve as a point of departure to a discussion, as I have already had the honour of declaring to you and again repeat, although it is not concealed from me that in the discussion some difficulties cannot avoid arising, which, however, the interests of peace may reduce to more convenient terms.

"I will not close this correspondence without protesting to you my gratitude for the goodwill with which you have treated with the belligerents in endeavouring to put an end to the present bloody struggle, and asking you to be pleased to formally declare in that exterior to which our voice cannot reach, in case they attempt to present this step as given by Paraguay, that it had nothing to do with it, and that the idea came exclusively from you.

&c., &c.

(Signed)   Luis Caminos,"

Ohne alle Frage ist nur zu wünschen, daß die von England endlich angefangene Mediation bald zum Frieden führen möge, denn so viel hat sich in den letzten Jahren immer deutlicher herausgestellt, daß dieser unselige Krieg bereits alle Theilnehmer an demselben an den Rand des Verderbens gebracht hat und daß alle sich gegenwärtig mit ihren Kräften am Ende befinden. Paraguay hat in diesem Kriege bereits die Hälfte seiner ganzen erwachsenen männlichen Bevölkerung verloren und wird, selbst wenn es unbesiegt aus demselben hervorgeht, noch auf lange Zeit in seiner Entwickelung zurückgeworfen seyn. In der argentinischen Republik, die bisher den Krieg vornehmlich mit brasilianischen Vorschüssen geführt hat, gewinnt die Opposition gegen die Allianz mit Brasilien eine für die Regierung immer bedrohlichere Macht. Nach den neuesten Nachrichten hat diese Partei, deren Erhebung in den inneren Provinzen die Zurückziehung des argentinischen Contingents vom Kriegsschauplatze schon nöthig gemacht hatte, durch Recrutirungen in Chile neue Kraft erhalten und jetzt auch selbst in den Kammern eine solche Macht gewonnen, daß zwei als Anhänger der brasilianischen Allianz bekannte Mitglieder der Regierung, der Minister des Auswärtigen, R. de Gisarde, der argentinische Unterzeichner des Allianz-Tractats, und der Minister des Cultus, G. Costa, zweien Vorkämpfern der Friedenspartei, Dr. Dzuarte und Dr. Urbarn, haben Platz machen müssen, was um so schärfer als ein Symptom der Friedenspolitik anzusehen ist, als der Vice-Präsident der Republik und gegenwärtig regierender Präsident, D. Marcos Paz, für einen Parteigenossen Derjenigen gilt, welche zugleich Feinde der Allianz mit Brasilien und des Generals Mitre, des eigentlichen Trägers dieser allgemein unpopulären Allianz, sind. — In Brasilien endlich zeigen sich immer bedenklichere Symptome gänzlicher Erschöpfung an Geld und Mannschaft. Zwar hat die Majorität der am 23. September dieses Jahres geschlossenen Kammern nochmals die geforderten außerordentlichen Erhöhungen der directen und der indirecten Steuern und die abermalige Ausgabe von Schatznoten im Betrage von 9 Millionen Milreis zur Aufbringung der für die Fortsetzung des Krieges erforderlichen Geldmittel voll. Aber in dem Lande selbst, dessen Steuerkraft aufs Äußerste angespannt ist, giebt sich überall die Muthlosigkeit immer deutlicher kund, und schwerlich wird das patriotische Opfer des Kaisers und seiner beiden Schwiegersöhne, welche für die Dauer des Krieges auf ein Viertheil ihrer Einnahmen übergroßen parlamentarischen Delation zum Besten des öffentlichen Dienstes verzichtet haben, auf lange Zeit das tief gesunkene Vertrauen auf einen glücklichen Ausgang dieses Krieges wieder aufrichten. Selbst in der Hauptstadt predigen jetzt schon einflußreiche Journale, wie das Jornal do Commercio, »Arbeit« um jeden Preis, und drohen bei fortgesetzter Requisition an die Nationalgarde zur Stellung von Ersatzmannschaft für die Armee in Paraguay mit Unruhen in der Hauptstadt und den Provinzen, die eine furchtbare Katastrophe zur Folge haben würden. Die Commandeure hatten bereits erklärt, daß es für die Nationalgarde unmöglich sey, die geforderten Contingente zu stellen. Auf eine neue Requisition von 1000 Mann hätten sich nur 18 Nationalgardisten gestellt. Obgleich die inspirirten englischen Zeitungen fortwährend den ungeheuren Kriegsenthusiasmus und die Opferwilligkeit der Brasilianer für diesen Krieg, so welchem die Ehre Brasiliens verpfändet sey, nicht genug zu rühmen wissen, so zeigen doch Facta, daß es schon seit geraumer Zeit sehr schwer geworden, die erforderlichen Ersatzmannschaften für die großen Verluste der Armee derselben nachzusenden. Schon zu Ende des Jahres 1866 war es, wie eine officielle Depesche des Britischen Gesandten, Mr. Thornton in Rio de Janeiro, an Lord Stanley vom 3. November des Jahres meldet, nicht mehr möglich, die erforderliche Ersatzmannschaft durch die Nationalgarde, worauf die Regierung dafür allein angewiesen ist, zu erlangen. Schon damals stieg der Preis für einen Stellvertreter auf 1500 Milreis (etwa 1100 Thlr.) und in einzelnen Fällen wurden sogar 1800 Milreis bezahlt. Durch diese hohen Preise wurden namentlich Sclaven veranlaßt, ihre Freiheit zu erkaufen und als Stellvertreter zu dienen. Die Folge davon war, daß, wie selbst die in Rio de Janeiro erscheinende und über Europa in Brasiliexemplaren verbreitete officiöse „Correspondenz für Europa" (vom 21. Sept. 1867) sich ausdrückt, der Marschall de Vagios, als er auf dem Kriegsschauplatze ankam, dort statt eines Heeres ein uniformirtes Volk, mit Gewalt zu Vaterlands-Vertheidigern gepreßte Kaufleute, Flicker, freigelassene Sklaven fand, von denen ein großer Theil weder ein Gewehr laden noch abschießen konnte.— — Darnach sollte man meinen, es müßte die uns wieder aufgenommene Mediation zwischen diesen durch den Krieg ihrem Ruin nahe gebrachten Staaten wohl zum Frieden führen. Und daß alsdann die Zukunft der Republik Paraguay gesichert seyn wird, ist wohl nicht zu bezweifeln.

Göttingen, Anfang November 1867.

———

Druckfehler.

Inhalts-Uebersicht.

Die Republik Paraguay.

Die Republik Paraguay.

Hülfsmittel.

Die Charten von J. de la Cruz, Spix u. Maritus und de la Rochelle f. S. 393. — F. de Azara, Carte gén. du Paraguay et d. l. prov. de Buenos Ayres in dessen Voyage, publ. p. Walkenaer. — J. R. Rengger, Charte von Paraguay. Aarau 1835. — A du Graty, Carte de la Républ. du Paraguay, Brüssel 1861. — Derselbe: Mapa de la República del Paraguay. 1866. — E. Mouchez, Carte de la République du Paraguay. Paris 1862. — Derselbe: Carte de la partie méridionale de la Rép. du Paraguay. 2 Bl. Paris 1861. — Derselbe: Carte du fleuve Paraguay depuis son embouchure et Corrientes jusqu'aux batteries d'Humaita, in: Revue maritime et col. T. XVIII. (1866). — H. Kiepert, Paraguay u. der nördl. Theil der Argent. Republik, Berl. 1859. — Derselbe: Der Staat Paraguay vorzüglich nach A. du Graty, ebendas. 1862. — J. de Uruyer, Carte de la République du Paraguay. Paris 1863. — C. M. de Almeida, Carte du théâtre de la guerre entre le Brésil — et le Paraguay; in: Revue marit. et col. T. XV. (1865).

Don Felix de Azara, Descripcion y Historia del Paraguay f. S. 928. — J. Gröbel, Der Staat Paraguay, in: Vollständ. Handb. der neuesten Erdbeschreibung von Gaspari u. f. w. Weimar 1832. 8. — Paraguay u. Tucuman, in: v. Zimmermann's Taschenb. der Reisen. 6. Jahrg. Leipzig 1817. 16. — L. Alfred Demersay, Histoire physique, économique et politique du Paraguay et des Etablissements des Jésuites. T. I. II. Paris 1860—64. 2 Bde. 8. Atlas, livr. I—IV. Par. 1860—03. fol. — A. du Graty, La République du Paraguay. Brux. 1862. 8. m. Ch. u. Abbild. — B. Poucel, Le Paraguay moderne et l'intérêt général du commerce etc. Texte et Documents. Marseille 1867. 8. m. Ch. — A. E. Kerk v. Gumprecht, Paraguay nach neuern und älteren Quellen, in: Zeitschr. für Allgem. Erdk. II. (1854). — Gumprecht, Eine neue Expedition nach Paraguay, das. Bd. V. (1855). — O Paraguay, seu passado, presente e futuro. Por um Estrangeiro que residio seis annos naquelle paiz. Rio de Janeiro 1848. ····· art. Caj. 1849. Bd. 2. Davon französische Bearbeitung von Pacheco-y-Obes.

- F. de Azara, Voyage dans l'Amérique Méridionale f. S. 929. — Reise nach Paraguay in d. Jahren 1818 bis 1826, herausg. von A. Ring. 8. m. Ch. u. Abbild. — H. de Beaurepaire Rohan, Viagem de le Paraguay pelo Paraguay etc., in: Revista trimensal de Hist. e Geog. Serie. T. II. Rio de Janeiro 1847. 8. — J. P. and W. P. Robertson Paraguay, comprising an account of a few year's residence in under the government of the Dictator Francia. London 1838, 39. 16. (Dritter Bd. unter d. Titel: Francia's reign of terror.) — (Grande (ite) Briefe aus Paraguay, mitgetheilt von Al. v. Humboldt, in: Hertha. Bd. 2. (Berlin 1825). — Th. J. Page, La Plata etc. f. S. 929. — Un voyage au Paraguay en 1862, in: Revue maritime et coloniale. T. VII. (1863). — A. Demersay, Fragments d'un voyage au Paraguay en 1844—47, in: La Tour du Monde. 1861. mit Illustrationen.

D. Ign. de Pazos, Diario de una navegacion y reconocimiento del Rio Paraguay desde la ciudad de la Asumpcion hasta los presidios portugueses de Coimbra y Albuquerque (1790), in: Angelis, Coleccion. Vol. IV. und in: Calvo. Recueil. T. III. — D. F. de Azara, Diario de la navegacion y reconocimiento del Rio Tebicuari (1785), in: Angelis, Col. V. u. Calvo T. III. — A. Moure, La rivière Paraguay depuis ses sources jusqu'à son embouchure dans le Paraná, in: Bullet. d. l. Soc. de Géogr. de Paris. 4e Série. T. I. (1861). — A. Leverger, Itinéraire de la navigation du Rio Paraguay

etc. beschrb. 3e Série. T. VII. VIII. (1864. 65). — Der Paraguay, in: Zeitschrift für Erdkunde. Gbl. R. 8. Bb. V. (1859). m. Kt. — D. Patiño, Diario de un viage por el Paraná, desde el puerto de la Villa Encarnacion hasta el Salto de Guairá, in: El Semanario (Officielles Journal v. Paraguay). Jahrg. 1863.
F. de Azara, Essai sur l'histoire des quadrupèdes de la Prov. de Paraguay, avec un app. sur quelque reptiles; trad. s. l. manuscr. inédit de l'auteur, p. Moreau-Saint-Méry. Paris 1801. 2 Bde. 8. Daffelbe Werk später vom Verf. verbessert selbst herausgeg. u. b. T: Apuntamientos para la hist. nat. de los quadrupedos del Paraguay y Rio de la Plata. Madrid 1802. 8. — 3. R. Rengger, Naturgeschichte der Säugethiere von Paraguay. Basel 1830. 8. — P. Mantegazza, Lettere mediche f. S. 930.
P. T. X. de Charlevoix, Histoire du Paraguay. Paris 1756. 3 Bde. 4. mit Charten. Deutsch, Nürnberg 1768. 2 Bde. 8. — N. del Techo, Historia Provinciae Paraquariae Societatis Jesu. Lœdii 1763. fol. — P. Lozano, Historia de la Compañia de Jesus en la Provincia del Paraguay. Madrid 1764. 2 Bde. fol. — Coleccion gen. de documentos, tocantes a la persecucion, que los Regulares de la Compañia suscitaron y siquieron etc. desde 1644—1660. Madrid 1768. 2 Bde. 4. — Histoire de Nicolas I, Roy du Paraguai et Empereur des Mamelus. St. Paul 1756. 8. — (S. J. de Carvalho) Relação abreviada da Republica, que os Religiosos Jesuitas das Provincias de Portugal, e Hespanha, estabelecerañ nos Dominios Ultramarinos das duas Monarchias etc. formada pelos registos das Secretarias dos dous respectivos Principaes Commissarios etc — (portugiesisch u. französisch) e. D. u. J. (1757 zu Lissabon gedruckt) 8.; italien. Ausgabe, Lugano 1759. 8. — Commentarius de Republica in America Lusitana, atque Hispana a Jesuitis instituta etc. e. D. u. J. 8. (Nürnbg s. b. vorigem). — J. de Saranben u. B. Rueberfer, Geschichte von Paraguay. R. spanischen Handschriften übersetzt 2c. Araulf. u. Leipzig 1769. 8. — V. Martin de Mousay, Mém. hist. s. l. décadence et la ruine des missions des Jésuites f. S. 931. — J. C. Davis, Letters from Paraguay etc. London 1805. 8. — (B. Ibañes) Reyno Jesuitico del Paraguay etc. Lissabon 1770. 4. Deutsch, Cölln 1774. 8. — P. Guevara, Historia del Paraguay, Rio de la Plata y Tucuman, (n: Angelis, Coleccion etc. Vol. II. (1836) fol. — G. Funes, Ensayo de la Historia civil del Paraguay, Buenos Ayres y Tucuman. Buenos Ayres 1816. 17. 3 Bde. 4. — Rengger et Longchamp, Essai hist. sur la Révolution du Paraguay et le governem. dictatorial du Dr. Francia. 2e édit. Paris 1827. 8. m. Bl. — Th. Carlyle, Dr. Francia: in beffen auswählten Werken, deutsch von Stelzhamer. Bb. IV. Leipzig 1853. 8. — A. Demersay, Francia, in: Biographie universelle. T. XIV. Paris 1856. — J. M. Estrada, Ensayo histórico sobre la revolucion de los communeros en el siglo XVIII, seguido de un apéndice sobre la decadencia del Paraguay y la guerra de 1845. Buenos Aires 1865. 8.
Ley que establece la Administracion politica de la República del Paraguay y demas que en ella se contiene. Asuncion. 4. (Die Constitution der Reg. von 1844 enthaltend). — Decreto (año de 1845) que establece las garantias y seguridades que deben gozar en sus personas ó intereses los estrangeros residentes en el Territorio de la República. Asuncion. 4. — Mensage del Exmo. Señor Presidente de la Rep. del Paraguay á la Representacion Nacional del año 1849. Asuncion. 4. — Dicielbr für 1854. def. — Almanaque de la República del Paraguay para el año del Señor 1862. Asuncion 1862. 8.
Die Grenzfrage und der gegenwärtigen Krieg mit Brasilien u. f. w. betreffend; vgl. auch S. 932 u. 1101). F. de Azara, Correspondencia — sobre la demarcacion de limites entre el Paraguay y el Brasil (1784—95), (n: Angelis, Coleccion. Vol. IV. und Calvo, Recueil compl. des Traités etc. de tous les Etats de l'Amérique latine etc. T. III. Paris 1862. — Coleccion de piezas oficiales concernientes á las cuestiones Paraguayo-Brasileras en 1855. (Asuncion). fol. — A. Demersay, Considérations hist. et géogr. sur les limites et la circonscription du Paraguay, in: Bulletin d. l. Soc. de géogr. de Paris. 3e Série. T. XVI. (1858). — Viva la República del Paraguay! ¡ Independencia ó muerte! Manifesto sobre los Titulos y derecho de la Rep. del Paraguay al territorio sobre la Izquierda del Paraná etc. Villa de Pilar 1848. 4. — Segundo Manifesto etc. Asuncion 1840. 4. — Documento importante para la ilustracion de algunas de las cuestiones de territorio entre la Confederacion arjentina y el Paraguay etc. Corrientes 1855. 4.
Ch. Quentin, le Paraguay. Paris 1865. 8. (werthlose Compilation). — (A. du Graty) La justification de la politique brésilienne dans la Plata. Examen de deux manifestes adressés aux gouvernements européens par N. J. M. da Silva Paranhos. Bruxelles 1865. 8. (gegen Brasilien). — Paraguay and the War in La Plata. London 1865. 8. — J. B. Alberdi, Los intereses argentinos en la guerra del Paraguay con el Brasil. 2a edic. Paris (1868). 8. — (Derselbe) La crisis de 1866 ó los efectos de la guerra de los aliados en el órden económico y politico de las Repúblicas del Plata. Paris 1866. 8. (gegen die Tripelallianz). — J. Le Long, L'Al-

liance du Brésil et des Républiques de la Plata contre le Gouvernement du Paraguay. Paris 1866. 8. (gegen Alberdi). — Tratado de alianza contra el Paraguay firmado el 1º de Mayo de 1865 por los plenipotenciarios d. l. Repúblies Oriental del Uruguay, del Imperio del Brasil y de la Rep. Argentina. Par. 1866. 8. — La Guerre de la Plata devant la civilisation. Docum. offic. etc. Paris 1866. 8. — Th. Mannequin, A propos de la guerre contre le Paraguay p. la Confédération argentine etc. Paris 1866. 8. (Extr. du Journ. des Economistes, gegen Brasilien). — La Guerre du Paraguay et les Belligérants etc. Bruxelles 1866. 8. — P. Duchesne de Bellecourt, La Guerre du Paraguay et les institutions des états de la Plata, in: Revue des deux mondes. Sec. Période. T. LXV. (1866). — Protestation du Pérou et de ses Alliés du Pacifique contre les tendances de la guerre, que le Brésil, la Confédération Argentine et l'Uruguay font au Paraguay etc. Paris 1866. 8. m. 66. — (Alberdi) Intereses, peligros et garantias de los Estados del Pacifico en las regiones orientales de la America del Sud. 2e tir. Paris 1866. 8. Davon franz. Bearbeitung von Mannequin: Antagonisme et Solidarité des Etats Orientaux et des El. Occid. de l'Amérique du Sud. baf. 1866. 8. — (Sarmiento) Revelations on the Paraguayan War, and the Alliances of the Atlantic and the Pacific. N. York 1866. 8. und: The Alliance between Brasil, the Argentine Republic and Uruguay, versus the Dictator of Paraguay. Claims of the Republics of Peru and Bolivia in regard to this Alliance. baf. 1866. 8. (gegen Paraguay). — Ch. Expilly, Le Brésil, Buenos-Ayres, Montevideo et le Paraguay devant la civilisation. Paris 1866. 8. (gegen Brasilien). — Paraguay. A concise history of its rise and progress; and the causes of the present war with Brazil, with a map. London 1857. (für Paraguay). — River Plate N. 1. (1867). Correspondence respecting hostilities in the River Plate. Pres. to both Houses of Parliament by Command of H. M. London 1867. fol.

A. Hopkins, Memoir on the geography, history, productions and trade of Paraguay; in: Bullet. of the American Geogr. and Statist. Society. N. York 1852. 8. vergl. Bull. de l. Soc. de Géogr. de Paris. 4e Série. T. IV. (1852). — L. A. Demersay, Etudes économiques sur l'Amérique méridionale. Ie étude: Du tabac au Paraguay etc. Paris 1851. 8. — Derselbe: De l'avenir des relations commerciales entre la France et le Paraguay, in: Journ. des Economistes. T. 37. (1853) und 2e Série. T. VIII. (1855), vergl. Preuß. Handels-Archiv. 1862. 2. Hälfte.

Lage, Grenzen, Größe. — Das Gebiet der Republik Paraguay *) liegt, nach den von ihr beanspruchten Grenzen, zwischen 19° 50' u. 27° 30' S. Br. und 53° 30' u. 61° 22' W. L. v. Greenw. und wird begrenzt nach S. gegen die Argentinische Republik durch den R. Bermejo, den Paraná und in dem sogen. Gebiete der Missionen durch die Wasserscheide zwischen dem Paraná und dem R. Uruguay; nach O. gegen Brasilien durch den Paraná; nach N. gegen Brasilien durch die Flüsse Ybeiñema (Ivinheima), Rio Blanco und Bahia Negra, gegen Bolivia durch eine Linie von Bahia Negra bis 63° 41' 30" W. L. v. Paris; gegen W. durch die Verlängerung des genannten Meridians bis zum R. Bermejo. Innerhalb dieser von der Republik in Anspruch genommenen Grenzen wird der Flächeninhalt des Gebietes auf

---

*) Der Name Paraguay, der von dem Fluß auf das Land übertragen ist, wird sehr verschieden abgeleitet. Nach Einigen ist er entstanden aus Payagua-y, d. h. Wasser (Y im Guarani) der Payaguas, der Indianer-Nation, welche zur Zeit der Entdeckung die Ufer des Flusses bewohnten, wogegen jedoch zu bemerken ist, daß die Schreibart Payaguay als vorkommt. Nach Anderen bedeutet Paraguay »Wasser der bunten Kronen«, indem Para in der Guarani-Sprache bunte Farben, Gua Krone und Y Wasser bedeute und dieser Name dem Flusse gegeben sey, weil die Anwohner Federkronen getragen hätten, wie in der That noch jetzt zuweilen von den Payaguas geschieht. Nach einer dritten Version bedeutet Paraguay Wasser der Paraguas, einer dort häufig vorkommenden Vogelspecies (Penelope Parraqua). Rengger hält alle diese Etymologien für mehr oder weniger gezwungen und leitet den Namen von pará, d. h. Wasser, See, Meer im Guarani, und qua-y, d. h. Wasserloch, Quelle, ab, und darnach würde Paraguay, wofür die ältesten zu Asunción vorhandenen Urkunden Paraguay haben: Quelle des Sees oder des Meeres heißen. Wahrscheinlicher als alle diese Ableitungen ist, daß Paraguay einfach aus Paraguá-ú oder Paraguá-ý entstanden ist und darnach Papagayenfluß bedeutet, von Paraguá, Papagay und hy, hú, ý oder ú, d. i. Wasser, Fluß.

29,470 O.-Leguas (etwa 16,500 geogr. O.-M.) berechnet, von welchen aber über die Hälfte (16,537 O.-Leg.) auf den auf der Westseite des R. Paraguay liegenden Theil kommen, in welchem die Republik bis jetzt nur ein Paar kleine Dörfer und Militärposten besitzt und der ihr auch fast ganz von den Nachbarstaaten, Bolivia und der Argentinischen Republik, bestritten wird. (Siehe darüber S. 934). Das der Republik unbestrittene Gebiet beträgt nur etwa 7,500 O.-Leguas oder 4,200 geogr. O.-M., von denen nur etwa 2,500 O.-Leg. oder 1,400 g. O.-M. wirklich bewohnt, cultivirt oder zur Viehzucht in Benutzung sind.

Ueber die Feststellung einer Grenzlinie gegen Bolivia ist zwischen den beiden Republiken noch kaum ernstlich verhandelt, da bis jetzt keine derselben irgend eine Aussicht hat, in dem noch ganz im Besitze freier Indianer befindlichen Gebiete, um welches man sich streiten könnte, festen Fuß zu fassen. Dagegen haben die Grenzstreitigkeiten mit der Argentinischen Republik und noch mehr die mit Brasilien seit der Constituirung Paraguay's zu einer selbständigen Republik in deren politischer Geschichte bis auf den heutigen Tag eine wichtige Rolle gespielt und müssen dieselben deshalb wenigstens kurz hier dargelegt werden. — Das mit der Argentinischen Republik streitige Gebiet betrifft das Territorium der ehemaligen Misiones Occidentales auf dem linken Ufer des R. Paraná. (Vgl. S. 935). Das Territorial-Verhältniß dieser ehemaligen Orientalischen Missionen, welche nach der Vertreibung der Jesuiten zur Jurisdiction von Paraguay geschlagen waren (s. S. 1114), wurde zwar später dadurch geändert, daß das spanische Gouvernement durch ein königl. Patent vom 17 Mai 1803 das gesammte Gebiet der alten Missionen zu einem besonderen Gouvernement unter dem Gouverneur D. Bernardo Velasco erhob, mit totaler Unabhängigkeit von den Regierungen von Paraguay und Buenos Aires, zwischen welchen er bis dahin getheilt gewesen. Im J. 1806 wurde aber derselbe G. Velasco zum Militär u. Civil-Intendanten von Paraguay und von den 30 Ortschaften (Pueblos) der Missionen der Guaranis und Tupi-Indianer des Paraná und Uruguay ernannt. Durch diesen Act und diese Disposition der spanischen Regierung ging die Jurisdiction der Missionen wieder an das Gouvernement von Paraguay über. Hierauf stützt Paraguay, wie es scheint, mit Recht seine Ansprüche auf das Gebiet, d. h. auf das der 5 ehemaligen Reductionen: Candelaria, Santa Ana, Loreto, San Ignacio-Mini und Corpus, welches auch als das alte Departement von Candelaria und der Distrikt oder Partido de Pedro Gonzales bezeichnet wird, indem D. B. Velasco der letzte spanische Gouverneur gewesen, dessen Functionen nach der Revolution vom Mai 1811 aufhörten, und weil in dem Friedensschluß vom 12. Oct. 1811 zwischen Paraguay und der Junta von Buenos Aires nach der mißglückten Expedition des argentinischen Generals Belgrano gegen Paraguay, der Art. IV. festsetzt, daß die Grenzen des Gebietes von Paraguay in statu quo bleiben sollten, bis nach genauerer Kenntniß der Sache eine definitive Grenzlinie beiderseits festgesetzt wäre, weshalb auch die Regierung von Paraguay mit der Verwaltung des Departements Candelaria betraut blieb. Seitdem hat Paraguay auch in diesem Gebiete, wie es scheint, stets eine Besatzung gehalten und nur einmal wurde es unter Francia verlassen, der nämlich i. J. 1817, um der drohenden Gefahr einer Invasion der Portugiesen und der Prov. Rio Grande do Sul nach Paraguay durch dies Gebiet zu begegnen, die Ortschaften in demselben zerstören und ihre Bevölkerung u. s. w. auf das rechte Ufer des Paraná transportiren ließ. Francia hatte auf die Conservirung dieses Gebietes großen Werth gelegt; seinem Nachfolger dünkte aber die Abtretung desselben, um die von der Argentin. Republik lange hartnäckig verweigerte definitive Anerkennung der Unabhängigkeit Paraguay's zu erlangen, kein zu großes Opfer und trat in dem Tractat vom 15. Juli 1852 mit dem Gesandten Urquiza's, Dr. Santiago Derqui (s. S. 1018), das ganze Gebiet auf dem linken Ufer des Paraná an die Argentinische Confederation ab. Vorsichtigerweise zog er aber seine Besatzung nicht ganz aus demselben zurück und da dieser Tractat von dem Argentin. Kongreß nicht ratificirt wurde, so ist der status quo ante wieder eingetreten, nach welchem Paraguay noch jetzt aus guten Gründen das Hoheitsrecht über dies Gebiet in Anspruch nimmt, bis denn auch in dem l. J. 1856 endlich zwischen Paraguay und der Argentinischen Confederation abgeschlossenen und beiderseits ratificirten Freundschafts-, Handels- und Schifffahrts-Verträge die Regulirung der Grenzfrage ausdrücklich verlegt werden ist (s. S. 935).

Paraguay stützt aber seine Ansprüche außerdem auch noch auf die alten Diöcesan-Grenzen zwischen den Provinzen von Paraguay und Buenos Aires, indem es Folgendes darlegt: »Die l. J. 1536 von den Spaniern gegründete brutale Hauptstadt der Republik Paraguay, Asuncion, war fast ein Jahrhundert lang auch die Hauptstadt des ganzen ehemaligen spanischen Plata-Gebietes, welches in seiner Jurisdiction auch das Territorium umfaßte, welches heute die Argentinische Confederation und einen großen Theil des heutigen Bolivias bildet. Im J. 1620 errichtete der König von Spanien das Gouvernement und Bisthum von Buenos Aires und trennte von dem Gouvernement Paraguay das Gebiet, welches unter dem Vice-Königthum die Provinz Buenos Aires bildete, so wie auch 17 von den 30 Pueblos der Missionen, welche dem Gouvernement und Bisthum von Buenos Aires zugetheilt wurden. Der Prov. Paraguay blieb dagegen die Jurisdiction des ganzen Gebietes, welches nicht expreß von ihr an das neue Gouvernement abgegeben wurde. Die unvollkommene Begrenzung des Gouvernements und Bisthums von Buenos Aires im Gebiete der Pueblos der Indianer der Missionen führte in der Ausübung der Civil- und der kirchlichen Gerichtsbarkeit zu Conflicten und Competenzstreitigkeiten, welche auf Vorstellung des Bischofs von Buenos Aires den König veranlaßten, durch ein unter dem 11. Febr. 1722 zu Madrid an den Bischof von Paraguay erlassenes Patent zu befehlen, daß er sich über die Grenzen der beiderseitigen Bisthümer mit dem Bischof von Buenos Aires verständige. In Folge dieses Patentes kamen die beiden Bischöfe i. J. 1726 überein, daß das beste Mittel zur Ausführung des königlichen Befehls und zur Feststellung der besagten Grenzen seyn würde, zuverlässige und mit den Localverhältnissen der Missionen genau bekannte Personen zu deputiren und mit der Regulirung der Grenzfrage zu beauftragen. Zur Ausführung dieses Compromisses wurde von dem Bischof von Paraguay der Pater Superior José de Inzaurralde und von dem Bischof von Buenos Aires der Pater Anselmo de la Mata, gleichfalls Jesuit, ernannt, welche den Auftrag zu Schiedsrichtern annahmen und beschworen und in dieser Eigenschaft in dem Pueblo von Candelaria vereinigt am 8. Juni 1727 die Erklärung abgaben: Daß die Grenze zwischen der Jurisdiction der beiden Bisthümer im Gebiete der Missionen auf dem linken Paranáufer eben so wie die politische Grenze zwischen den Gouvernements von Buenos Aires und Paraguay durch die Wasserscheide zwischen dem R. Paraná und dem R. Uruguay gebildet werde und daß die Pueblos von Candelaria, San Cosme und Santa Ana, über welche Streit bestehe, zu dem Territorium von Paraguay gehörten. Damit waren die Competenzstreitigkeiten über die Grenzen zwischen den Gouvernements und den Bisthümern von Paraguay und Buenos Aires beigelegt, wie aus den im Archiv von Asuncion befindlichen Documenten hervorgeht, und blieb das Territorium der Missionen in der festgesetzten Weise zwischen den Gouvernements und den Bisthümern der beiden Provinzen getheilt, bis durch ein königl. am 17. Mai 1803 zu Aranjuez ausgefertigtes Patent das ganze Gebiet der alten Missionen zu einem besonderen Gouvernement mit gänzlicher Unabhängigkeit von den Gouvernements von Paraguay und von Buenos Aires constituirt wurde. (s. oben.)

Zeigte der Präsident Lopez sich nicht abgeneigt, unter Umständen das mit der Argentinischen Republik streitige Gebiet anzufangen, so war er desto hartnäckiger in der Aufrechthaltung der Ansprüche Paraguay's auf das an der Nordgrenze der Republik von Brasilien verlangte Gebiet, obgleich dasselbe seiner natürlichen Beschaffenheit nach für das Weizen nicht den Werth hat, wie derjenige der Missionen auf dem linken Ufer des Paraná, zu an sich eigentlich zum großen Theil ganz werthlos ist. Lopez erklärte die Grenzfrage mit Brasilien geradezu für eine Existenzfrage Paraguay's, und als solche scheint sie auch noch gegenwärtig von Paraguay aufgefaßt zu werden. — Das Object der Streites ist dasselbe, über welches schon zwischen den Regierungen von Spanien und Portugal so viele Verhandlungen statt gefunden hatten und welche auch bei dem Aufhören ihrer Herrschaft in Amerika noch nicht zum Abschluß gekommen waren, weil die Bestimmungen des Tractats von San Ildefonso vom 1. Oct. 1777, durch welches endlich eine Grenzlinie zwischen den beiderseitigen amerikanischen Reichen vereinbart werden war, sich als nicht ausführbar ergeben hatten. Nach diesem Tractat war über die Grenze in demjenigen Theile des Gebietes, um welchen es sich jetzt zwischen Paraguay und Brasilien an der Nordgrenze von Paraguay handelt, Folgendes festgesetzt: »Von der Mündung des Rio Igurey (westlicher Zufluß des R. Paraná) soll die Grenzlinie den Thalweg dieses Flusses aufwärts (la raya aguas arriba) bis zu seiner Hauptquelle folgen und von dieser an eine gerade Linie über den höchsten Theil des Landes (por lo mas alto del terreno) gezogen werden bis zum Eintreffen an der Quelle des dem Hauptarm der dieser Linie am nächsten gelegenen Flusses, der in den R. Paraguay auf seiner Ostseite münde, welcher etwa der Corrientes genannte Fluß seyn mag, und von da soll die Grenze diesem Fluß abwärts bis zu seiner Mündung in den besagten Paraguay laufen.« — Nach dem Artikel 13 desselben Tractats sollen zuverlässige, mit dem Lande bekannte, von beiden Höfen ernannte Personen, mit den nöthigen Instrumenten versehen an Ort und Stelle die beschworene Grenzlinie feststellen und auf eine anzufertigende Charte eintragen. Diese Grenzcommissarien wurden auch abgesandt und brasilischer Seits dazu der durch seine Reisewerke über Süd-Amerika berühmt gewordene Felix de Azara ernannt. Ihre Aufgabe scheiterte aber schon daran, daß weder ein Zufluß des Paraná mit Namen Igurey, noch ein in den Paraguay mündender R. Corrientes, wie sie nach Berichten früherer Grenzcommissäre angenommen worden, existirte. Azara erklärte sich freilich nach langen Untersuchungen dahin, daß für den ersteren Fluß der Jaguary oder R. Monici (zwischen dem Iguabama oder Iguazima), der auf portugiesischen Charten unter ungefähr 23° 40' S. Br. mündet, und für den letzteren der Rio Apa oder Ara (unter 22° 4' S. Br. nach Azara in den R. Paraguay mündend) anzunehmen sey; doch blieb diese Annahme immer nur eine Conjectur, und da die Berichtlesen, obwohl die Annahme Azara's ihren Ansprüchen in so ferne günstig war, als nach den Arbeiten der früheren Commissäre (Demarcadorus, nach d. Tractat v. 1750) unter dem R. Corrientes auch sehr wohl der oder einen Breitengrad nördlich von dem R. Apa mündende, auf den neuen Charten R. Blanco oder R. Corrientes genannte Fluß verstanden werden konnte, viele Zweifel und Einreden erhoben, so kam es bis zu Ende der spanischen Herrschaft zu keiner definitiven Feststellung dieser Grenzlinie.

Nach dieser Zeit wurde die Regulirung der Grenzfrage zuerst wieder von Paraguay in Anregung gebracht, indem der Nachfolger von Francia, der Präsident Carlos Antonio Lopez, nachdem Paraguay von Brasilien als unabhängiger Staat anerkannt worden, im Jahre 1844 mit dem brasilianischen Gesandten Pimenta Bueno einen Freundschafts-, Handels- und Schifffahrtsvertrag vereinbarte, in welchem er in Betreff der Grenzen vorschlug, daß beide Staaten Commissäre ernennen sollten, um die nach dem Tractat von San Ildefonso bestimmte Grenze festzustellen. Brasilien ratificirte diesen Tractat nicht, weil es den Tractat von S. Ildefonso als Grundlage für die Grenzbestimmung verwarf. Ohne Zweifel hatte diese Verwerfung des Tractats von S. Ildefonso darin ihren Grund, daß derselbe in dem angeführten Artikel weiter festsetzt, daß von der Mündung des als Grenze gegen N. bezeichneten Flusses (Corrientes) die Grenze dem Hauptcanal des N. Paraguay, welchen er in der trockenen Jahreszeit zurückläßt, aufwärts folgen sollte, bis nach den Sümpfen, welche der Fluß bilde und welche die Laguna de los Xarayes genannt würden, und weil mit Annahme dieser Grenzlinie Brasilien auf den Besitz des Gebietes auf der rechten Seite des Paraguay hätte verzichten müssen, in welches die Portugiesen gegen das Ende des vorigen Jahrhunderts vorgedrungen waren und in welchem sie das Fort Coimbra und die Villas von Albuquerque und Corumbá angelegt hatten. Aber auch Paraguay hatte Ursache, mit der Ungültigkeitserklärung des Tractats von S. Ildefonso zufrieden zu seyn, da nach demselben die Brasilianer wohl die Autorität von Azara für die Forderung des N. Apa (und selbst des N. Ipané und des N. Jejuy) als Grenze hätten geltend machen können. Darauf machte i. J. 1847 Paraguay den Vorschlag, zwischen den beiden Staaten das zwischen dem N. Apa und dem N. Blanco gelegene Territorium für neutrales Gebiet zu erklären, welches den beiderseitigen Unterthanen zum Nießbrauch (durch Einsammlung der Waldprodukte, Schlagen von Bauholz u. s. w.) freistehen sollte, ohne daß jedoch einer der beiden Staaten in demselben permanente Niederlassungen, Forts u. s. w. sollte anlegen dürfen. Auch dieser Vorschlag wurde von Brasilien verworfen, welches nun für die Regulirung der Grenze das Princip des uti possidetis zur Colonialzeit aufstellte und i. J. 1850 einen außerordentlichen Gesandten nach Asuncion sandte, um auf diesem Basse über die Grenze zu unterhandeln und einen Handels- und Schifffahrts-Tractat abzuschließen. Nach langen Vorverhandlungen, die dadurch veranlaßt worden, daß Brasilien Miene machte, durch die Ansammlung einer größern Flotte in den Plata-Gewässern einen Druck auf Paraguay auszuüben, empfing der Präsident endlich den brasilianischen Gesandten und ging auf das vorgeschlagene Princip für die Grenzbestimmung ein. Brasilien forderte nun den Rio Apa als Grenze, wogegen Paraguay mit Recht einwandte, daß der Besitz der Portugiesen sich niemals bis zu diesem Fluß ausgedehnt habe und daran erinnerte, daß Spanien, nachdem die Portugiesen (gegen die Bestimmungen des Tractats von S. Ildefonso) auf der Westseite des oberen Paraguay die Ansiedelungen von Corumbá und Albuquerque und das Fort Nuova Coimbra (19° 54' S. Br.) angelegt hätten, dies zwar habe geschehen lassen, dagegen i. J. 1792 unter 20° 54' 30'' S. Br. nach Azara (21° 1' 39'' S. u. 57° 65' 41'' W. v. (Grw. nach Page) das Fort Borbon, jetzt Olimpo genannt, auf dem westlichen Ufer des Paraguay gegenüber hätte, wogegen Portugal keine Einwendung erhoben habe, noch hätte erheben können und daß Spanien bis zur Freiwerdung Paraguay's im ungestörten und unbestrittenen Besitz dieses Forts geblieben sey. Deshalb müsse nach dem Princip des Uti possidetis alles Gebiet bis zu dem angeführten Breitengrade als spanisches Territorium angesehen werden, woraus dann weiter folge, daß auf der Ostseite des Paraguay nicht der einen Breitengrad weiter südlich mündende N. Apa, sondern der N. Blanco oder Corrientes, der dem Fort Olimpo gegenüber mündet, als Grenzfluß angesehen werden könne. — Ebenso lehnte Paraguay die Forderung Brasiliens, im O. den N. Igatimi (Fall des N. Igurey), den ersten größeren Fluß, der oberhalb der großen Fälle in den Paraná von W. her mündet, als Grenze festzusetzen, ab, indem dieser Fluß höchstens auf Grund des Tractats von S. Ildefonso discutirbar wäre, Brasilien aber diesen Tractat als Grundlage für die Grenzbestimmung expreß verworfen habe und zwischen diesem Flusse und dem N. Iguren (Vrichema) ebenso wenig permanente Ansiedelungen oder Militärposten besitze, als zwischen dem N. Apa und N. Blanco. Da der brasilianische Bevollmächtigte jedoch hartnäckig auf seinen Forderungen bestand und bloß sogar für sehr gemäßigt bezeichnete, da nach den früheren Verhandlungen zwischen Portugal und Spanien Brasilien seine Forderungen sehr wohl bis zum Rio Ipané über dem N. Jejuy ausdehnen könne, so wurden die Verhandlungen über die Grenzregulirung abgebrochen und in einer Convention vom 27. April 1853 festgesetzt, daß die Grenzfrage auf ein Jahr verlegt werden und nach Ablauf dieser Frist ein Grenztractat abgeschlossen und abgeschlossen werden solle. Dagegen gab Paraguay in so fern nach, als es einen Handels- und Schifffahrtsvertrag mit Brasilien abschloß, obgleich es zu Anfang der Verhandlungen erklärt hatte, daß vor dem Abschluß eines solchen Tractats die Grenzfrage regulirt seyn müsse. An die Stelle der erwähnten Convention ist denn eine spätere zu Rio de Janeiro am 6. April 1856 abgeschlossene getreten, in welcher beide Staaten sich verpflichteten, sobald die Umstände es erlauben, und innerhalb sechs Jahren, ihre Bevollmächtigten zu ernennen, um auf's Neue die Grenzlinie zwischen den beiden Ländern zu untersuchen und definitiv festzulegen. — In der That hat das Cabinet von Rio de Janeiro (nachdem es mit Paraguay i. J. 1856 einen verhältnißmäßig liberalen neuen Handels- und Schifffahrts-Vertrag und i. J. 1858 dazu eine nachträgliche Convention abgeschlossen hat, in welcher der brasilianische Bevollmächtigte erklärte, »daß über das Territorium auf dem rechten Ufer des R. Paraguay zwischen dem Kaiserreich und der Republik niemals Streit geherrscht habe, indem beide Regierungen den Rio Negro [Bahia Negra] als Grenze zwischen den beiden Ländern auf dieser Seite anerkannten«) zu Ende des Jahres 1863 sich entschlossen, einen neuen Bevollmächtigten nach Paraguay zu senden, der dort zu Anfang des Jahres anlam und dessen Mission vornehmlich die Behandlung der dunkeln und unauflösbaren Frage der Grenzregulirung zum Zweck hatte. Diese neuen Verhandlungen haben aber nicht weiter in der Sache geführt, als die früheren, und hat der brasilianische Bevollmächtigte aus »Gesundheitsrücksichten« Asuncion verlassen, ohne den Zweck seiner Mission erreicht zu haben.

In dieser Lage ist die Angelegenheit der Grenzen geblieben, bis Brasilien und die Argentinische Republik in Verbindung mit der Orientalischen Republik von Uruguay durch die heimlich abgeschlossene Tripelallianz vom 1. Mai 1865 sich verbündet haben, ihre Grenzansprüche gegen Paraguay mit der Gewalt der Waffen durchzuführen. Nach Art. 16 dieses Bündnisses soll »die Grenze zwischen der Argentinischen Republik und Paraguay durch die Flüsse Parana und Paraguay bis zu ihrem Eintreffen an den Grenzen von Brasilien gebildet werden, also namentlich das streitige Gebiet der ehemaligen Occidentalischen Missionen zur Argentin. Republik gehören« und »Brasilien von Paraguay auf der Seite des Parana durch den ersten Fluß getrennt werden, welcher sich unterhalb der großen Fälle (Salto de Guaira oder Salto de las Siete Quedas) findet, welche nach der Charte von Mouchez der R. Igurey ist, und darauf durch den Lauf dieses Flusses von seiner Mündung aufwärts bis zu seiner Quelle. Auf der linken Seite des R. Paraguay durch den R. Apa von seiner Mündung bis zu seiner Quelle. Im Innern der Kamm der Berge von Maracayu, so daß die östlichen Abfälle Brasilien und die westlichen Paraguay gehören, und durch eine Grenzlinie, die so gerade wie möglich von den genannten Bergen nach den Quellen des R. Apa und Igurey gezogen werden.« Darnach wollen also Brasilien und die Argentinische Republik nicht allein diejenigen Grenzgebiete im S. und N. annectiren, auf welche Paraguay mindestens eben so gute rechtliche Ansprüche hat, wie die beiden anderen Staaten, sondern dasselbe auch des ganzen Gebietes des Gran Chaco berauben, auf dessen theilweisen Besitz Paraguay ganz klare und bestreitbare Rechte nicht allein nach dem Princip des Uti possidetis zur Zeit der Revolution, sondern auch nach dem gegenwärtigen Besitzstande hat, indem Paraguay in diesem Chaco, Asuncion gegenüber, mehrere von einer Reihe von Grenzposten gegen die unabhängigen Indianer gesicherte Ansiedelungen (Villa Occidental u. s. w., s. unten) besitzt.

Paraguay hat es wiederholt ausgesprochen, daß die Behauptung des Rio Blanco als Grenze gegen Brasilien eine Existenzfrage für die Republik sey, und scheint diese Auffassung uns zur Erklärung der auswärtigen Politik Paraguay's und namentlich des brüsken Auftretens dieser Republik gegen Brasilien in der Angelegenheit Uruguay's (s. S. 1123) zu wichtig, um darauf hier nicht noch etwas näher einzugehen zu müssen.

Schon in den erwähnten Verhandlungen v. J. 1855 stellte der Bevollmächtigte Paraguay's, General Francisco Solano Lopez, der gegenwärtige Präsident der Republik, die Behauptung auf, daß der Streit über die Grenze gegen Brasilien eine rein politische Frage sey, in der es auf Erwerb der streitigen Landgebiete gar nicht aufommen. Dasselbe sey nämlich an sich von sehr wenig Werth. Der R. Blanco, heißt es in einer Note von Lopez, wie der R. Apa heißen sehr uneigentlich Flüsse. In Wirklichkeit sind die nur große Bäche (Arroyos), die in der trockenen Jahreszeit nur wenig Wasser haben. Keiner der beiden Flüsse ist schiffbar als bis auf 2 Leguas von ihrer Mündung. Die Ebene (Campo) zwischen ihnen ist durchweg niedrig und wird durch die periodischen Anschwellungen des Paraguay leicht überschwemmt, so daß nur wenige etwas erhöhete Punkte in derselben trocken bleiben. Weiter landeinwärts in der Nachbarschaft der Abfälle der Serrania von Maracayu ist das Terrain erhöht und frei von Ueberschwemmung. Es giebt dort aber keine Wälder von werthvollem Holzern, noch Metall-Lagerstätten, sondern nur Palmenhaine (Palmeras). Dagegen finden sich zwischen den Flüssen in einiger Entfernung vom Ufer des Paraguay auf dem höchsten Terrain in der Nähe der zum Paraguay gehörenden Abdachung der Serrania Ansiedelungen oder Lagerplätze unabhängiger Indianer, die mit dem Gebrauch der Feuerwaffen bekannt sind, welche sie, wie die dazu erforderliche Munition, in Miranda, dem brasilianischen Grenzorte, einkaufen oder empfangen. Diese Indianer unterhalten häufige Verbindungen mit den wilden Indianern des Gran Chaco, wenn der Paraguay niedrig ist. Sie nehmen dieselben in ihre Lager auf, verbergen sie dort und machen mit denselben gemeinschaftlich Einfälle in das Gebiet der Republik. Diese Einfälle sind schon so bedeutend gewesen, daß sie nach Ueberrumpelung der kleinen, zum Schutz der Grenzen errichteten Militärposten nicht bloß weit und breit die paraguayischen Ackerbau und Viehzuchtläger höfte verwüstet haben, sondern i. J. 1813 sogar die Villa de Concepcion plünderten und es der Sendung einer großen Truppenmacht von der Hauptstadt aus bedurfte, um sie über den R. Apa zurückzuwerfen, und ist es bloß mit Hülfe dieser Truppenmacht und durch Errichtung einer Kette von Militärposten an R. Apa gelungen, das Territorium der Villa wiederum zu bestehen. Ein so beschaffenes Land, führt dann die Note fort, könne für die beiden streitenden Parteien nur ein politisches Interesse haben und dies politische Interesse sey für Paraguay ein sehr bedeutendes. Denn wenn Brasilien, wie es dies beansprucht, das Gebiet bis an das rechte Ufer des R. Apa erhielte, so würde die Republik nicht allein den Einfällen der wilden Indianer dieses Gebietes, gegen welche Brasilien, wofür Acota angeführt werden, dasselbe nicht zu schützen im Stande seyn würde, ausgesetzt seyn, sondern Brasilien würde, im Besitz des rechten Ufers des R. Apa, die Republik beständig wie mit einer auf sie gerichteten Pistole im Herzen bedrohen und dieselbe zwingen, an der Grenze eine beträchtliche Militärmacht zu halten. Diese würde große Kosten, schwere Abgaben nöthig machen und gleichwohl, so zahlreich die Militärmacht auch seyn möchte, doch nicht zureichen, der Republik ihre Sicherheit zu gewähren. Und deshalb sey für die Republik die Grenzfrage eine Frage ihrer Sicherheit. Es wird dann auf's Neue hervorgehoben, daß die Arrakatisirung des bedrohtern Gebietes die beste natürliche Grenze zwischen den beiden Staaten bilde, da es an einer wirklichen natürlichen Grenze zwischen beiden Gebieten fehle. Eine sichere Grenze könne nur gebildet werden durch ein menschenleeres Gebiet (Despoblado), welches dem Transit Hindernisse entgegenstelle, und durch welches die Reibungen vermieden würden, welche bei einer größeren Annäherung der beiderseitigen Bevölkerungen unvermeidlich wären. — In einer officiellen Publication jener Verhandlungen wird dann noch zur Erläuterung derselben für das Publikum specieller nachgewiesen, daß Brasilien noch fortwährend das Princip des Uti possidetis gar keinen Anspruch auf das streitige Gebiet habe, da es zwischen dem R. Blanco und R. Apa kein einziges Besitz- oder Occupations-Zeichen aufzuweisen habe (wie dies auch aus brasilianischen officiösen Schriften hervorgeht), und endlich auch unverhohlen ausgesprochen, wie die Angst vor den Vergrößerungsabsichten Brasiliens es sey, welche Paraguay so hartnäckig in dieser Grenzfrage machen müsse. »Brasilien, heißt es, ist ein großer und mächtiger Staat, Paraguay aber klein und schwach. Die großen und mächtigen Staaten haben die Tendenz aus dem Hang sich noch weiter auszuzeichnen. Sie glauben, daß das eine Bestimmung sey (tienen una tendencia y propension á estender sei etren que eso es su destino). So sprechen Rußland in Europa und die Vereinigten Staaten in Nord-Amerika.« — So sprach Paraguay schon i. J. 1856 und wahrscheinlich hat es dieser schon so früh erkannten Gefahr der »traditionellen und historischen Mission« anstrebender Großstaaten für benachbarte kleine Staaten und der auf diese Erkenntniß gegründeten Hartnäckigkeit in der Grenzfrage mit Brasilien die bisherige Erhaltung seiner politischen Selbständigkeit nicht am wenigsten zu danken. Ob aber die fortgesetzte, wesentlich nur, wenn auch noch so getrennten Mißtrauen geleitete auswärtige Politik dieses Kleinstaates bei der fortschreitenden Entwicklung des geschichteten Nachbarstaates doch nicht über kurz oder lang gerade zu seinem Untergange führen muß, ist eine andere Frage, auf welche wir bei der Darstellung der gegenwärtigen politischen Verhältnisse Paraguay's noch zurückkommen müssen.

In seiner vertikalen Configuration schließt sich das Gebiet von Paraguay in seinem südwestlichen Theile der der benachbarten Argentinischen Provinz Corrientes noch ganz an (s. S. 1057). Wie in dieser Provinz im S. des Paraná ein weites Gebiet fast nur von großen Seen und Sümpfen (Lagunas, Cañados und Esteros) bedeckt ist, welche nur durch schmale Striche höheren Landes unter einander und von dem R. Paraná getrennt werden, so ist dies auch auf der Nordseite des Paraná der Fall, auf welcher diese Oberflächengestaltung sich noch über einen Breitengrad nordwärts fortzieht, allmählich jedoch schmäler werdend, indem das diese Niederungen von dem R. Paraguay trennende höhere Land gegen N. zu an Breite zunimmt. Eine der ausgedehntesten Niederungen in diesem Theile von Paraguay bilden die Sümpfe von Rembucú, die sich unmittelbar auf der Nordseite des R. Paraná zwischen dem schmalen Landrücken am R. Paraguay im W. und dem erhöheten Terrain des Gebietes der ehemaligen Missionen, des jetzigen Departem. Misiones, in einer Breite von 5 bis 15 Leguas ausdehnen und, wie neuerdings der Feldzug der Alliirten bewiesen hat, die mächtigste Schutzwehr Paraguay's gegen eine Invasion vom Süden her bilden. Weiter gegen Osten und Norden jedoch unterscheidet sich das Terrain sehr vortheilhaft von dem der benachbarten Argentinischen Provinzen, indem es hier, im größten Theile des Gebietes einen glücklichen Wechsel von Grasfluren (Campos) mit größtentheils von Waldungen bedecktem Hügel- und Bergland darbietet, welches sich gegen N. allmählich mehr erhebt, jedoch nirgends bis zur Gestalt eines wirklichen Hochgebirges. Der Hauptgebirgszug Paraguay's liegt im N.O. und zum Theil in dem mit Brasilien noch streitigen Gebiete. Es ist dies die Sierra oder Montaña de Maracayú (Mbaracayú) oder Amambay (oder Amambaya), welche im Lande gewöhnlich nur die Cordillera de los Montes, d. h. das Waldgebirge genannt wird. Obgleich von Brasilien als Grenzgebirge vorgeschlagen und von den spanischen und portugiesischen Grenzcommissären hie und da besucht, ist sie doch ihrem Verlaufe wie ihrer Höhe nach noch wenig bekannt und trägt auch in ihren verschiedenen Theilen verschiedene Namen auf den portugiesischen und spanischen Charten. Sie zieht von Osten her aus dem Brasilianischen Gebiete in das von Paraguay hinein, tritt aber da, wo sie an der Grenze zwischen beiden Staaten durch die großen Fälle (den Salto de Guairá) durchbrochen wird, nicht als ein deutlicher Bergzug hervor, zieht anfangs etwa unter dem 24° S. Br. ungefähr 20 Leg. weit bis zum 58° W. L. v. Paris gegen W., wendet sich dann gegen N. und zieht, mehrere Wendungen machend und in diesem Theile auch Sierra de San José genannt, in dieser Richtung über die Nordgrenze des zwischen Paraguay und Brasilien streitigen Gebietes hinüber nach Brasilien hinein, die Wasserscheide zwischen den Zuflüssen des Paraná und des Paraguay bildend. Auf dem Westabfalle dieser Sierra, welche in ihrem südlichen Theile, wo sie aus der westlichen Richtung in die gegen N. übergeht, auch den Namen der S. de Manbia-vocai trägt, entspringen sowohl der R. Apa wie der R. Blanco, über welche Brasilien und Paraguay sich streiten und welche beide mit ihrem unteren Laufe in einer wenig über das Niveau des Paraguay erhobenen, zum großen Theil mit Sümpfen bedeckten Ebene liegen, so daß nach dieser Seite hin das Gebirge keine große Breite zu haben scheint, weiter südlich, im S. des R. Apa, geht von demselben jedoch ein niedriger Seitenzweig gegen W. aus, der sich bis in die Nähe des Paraguay hinzieht und Sierra de los Dulze Dunos, S. Caapacú und S. Mayucunini genannt wird, welche letztere gegen den Paraguay hin in ein Kalksteinplateau übergeht, welches am Flusse in einer 40 F. hohen Wand (blaß) endigt. Südwärts schließen sich an die Sierra von Amambaya mehrere Bergzüge an, welche in der Streichungslinie derselben (von N. nach S.) bis in die Nähe des Paraná fortziehen und ebenfalls die Wasserscheide zwischen diesem und dem Paraguay bilden, aber vom 24° S. Br. an nur selten noch als eigentliche Bergzüge (Sierras) auftreten, sondern nur in der Form von Hügelzügen und in einzelnen, oft kegelförmigen Hügeln, die im Lande Lomas oder Lomadas genannt werden, an denen vielfach die Ortschaften und einzelne Gehöfte liegen und welche mit den sich ihnen anschließenden Campos eine liebliche und für die Cultur sehr günstige Oberflächengestaltung bilden.

Nicht in unmittelbarem Zusammenhange durch Höhenzüge mit dem eben bezeichneten Berg- und Hügellande und größtentheils von demselben durch das Thal des oberen R. Tebicuary getrennt steht das im O. der Hauptstadt Asuncion in größerer Ausbreitung sich ausbreitende Berg- und Hügelland, welches sich von da, allmählich schmäler werdend und sich vom R. Paraguay weiter entfernend, gegen S.S.O. ebenfalls bis in die Nähe des Paraná fortzieht und in dem Gebiete der alten Missionen sich den südlichen Ausläufern der östlicheren Höhenzüge nähert, deren weitere südliche Fortsetzung nach dem Gebiete der Occidentalischen Missionen auf der Südseite des Paraná hinein durch die unteren Stromschnellen und Katarakte des Paraná (den Saltos von Apipó und Aregua. s. S. 954) bezeichnet wird. Auch dies Hochland tritt überwiegend nur in der Gestalt von Lomas und Lomadas hervor, doch werden einige Theile desselben auch Sierras genannt, wie z. B. die Sierra Mbonappey in der Nähe von Ibicuy, welche mit gigantischen Waldbäumen bedeckt ist und jetzt vortreffliche Eisenerze liefert. Im Westen wird es, wo es nicht, wie in den Umgebungen von Asuncion, bis an den R. Paraguay hinantritt, von demselben durch niedriges, großentheils mit Sümpfen und Lagunen bedecktes Land getrennt, welches sich von dem großen Estero de Nernbacú aus nordwärts als Estero Gomba, E. Dellaco oder Bellaco und Lagnna Ypoa bis über den 26. Breitengrad fortzieht, aber nicht bis an den R. Paraguay reicht, sondern von demselben wiederum durch einen bald schmäleren, bald breiteren Landrücken getrennt wird, welcher am R. Paraguay auf dieser Erstreckung durchweg ein ziemlich hohes und ziemlich steiles Ufer (Barranca) bildet, welches sich auch noch nordwärts von Asuncion mit wenigen Unterbrechungen bis zum R. Apa fortsetzt und den Rand eines mit schönen Waldungen und Wiesen bedeckten Landes bildet, auch zur Anlage von Häfen und Ortschaften überall wohl geeignet ist, während vom R. Apa an bis zum R. Blanco das östliche Ufer des Paraguay niedrig und wenig scharf begrenzt ist und hier sich aus der niedrigen Ufer-Region nur hie und da einzelne isolirte Berge oder Hügel erheben, unter welchen der Pan de Azúcar (Zuckerhut) unter 21° 25′ 10″ S. Br. u. 57° 55′ 54″ W. L. von Greenw. (21° 23′ 19″ S. Br. nach dem Tagebuche des span. Piloten Sgn. de Pasos aus d. J. 1790), eine Legua vom Ufer und 21 Leg. vom R. Apa, der bemerkenswertheste ist, sowohl seiner ausgezeichneten Form wegen, wie auch als militärisch wichtige Position in dem streitigen Gebiete zwischen dem R. Apa und R. Blanco, der deshalb auch i. J. 1850 von dem Gouverneur der brasilianischen Provinz Mato Grosso durch eine heimlich ausgerüstete Militärexpedition occupirt wurde, aber von demselben auf die Reclamationen von Paraguay wieder aufgegeben werden mußte. — Nach einer barometrischen Messung von Page erhebt der Berg sich 1350 F. über das Niveau des Paraguay.

Die geognostischen Verhältnisse des Gebietes scheinen sehr einfach zu seyn. Nach den allerdings nur sehr dürftigen darüber vorhandenen Nachrichten gehört dasselbe wahrscheinlich vornehmlich der tertiären Formation an und zwar größtentheils der untersten Abtheilung derselben, welche d'Orbigny Tertiairo Guaranien (f. S. 944) genannt hat und welche sich von der argentinischen Provinz Corrientes und durch ganz Paraguay hindurch und noch weit in das brasilianische Gebiet hinein fortzuziehen scheint. Diese Formation bildet nicht allein die meist aus sandhaltigem Mergel bestehenden Ebenen (Campos) der Republik, in welchen auch fossile Knochen, die Rengger für die eines Megatherium gehalten hat, gefunden worden, sondern auch die Bergzüge, welche theils aus einem harten, feinkörnigen Sandstein ohne Kalkgehalt, theils aus einem sehr feinkörnigen Mergel-Sandstein (Grès-marneux) bestehen, der einen vortrefflichen Baustein liefern soll. Auch die Felsen, über welche der Paraná in seinen großen Fällen herabstürzt, in der sogen. Sierra de Maracayú, scheinen aus solchem Sandstein (bei Rengger null der Nagelfluh verglichen) zu bestehen, so wie auch diejenigen, welche in den meisten großen westlichen Zuflüssen des Paraná die häufigen Katarakte bewirken. Indeß bleibt noch zu untersuchen, ob der Sandstein der S. de Maracayú doch nicht verwandt mit den weitverbreiteten Massen der Plateaux von Mato Grosso zwischen den Flüssen Araguay und Cuyabá (Sierra de Taquara) ist, den Castelnau für älter und, jedoch wohl irrthümlich, der Kreideformation zugehörig ansieht. Kalkhaltiger Sandstein ist selten und noch seltener Kalkstein, welcher letztere in größerer Ausdehnung nur in dem Plateau von Mbaracayú Mini am Paraguay im R. von Asuncion vorzukommen scheint, welches auch allein in der Hauptstadt und sonst am Flusse gebrauchten Kalk liefert. Der Sandstein kommt fast allgemein horizontal geschichtet vor und ist größtentheils leicht der Verwitterung unterworfen, womit die allgemeine Oberflächengestaltung des Territoriums zusammenhängt. Petrefakten werden wenig gefunden, nur die Muschel einer Auster ist Rengger in der Nähe von Asuncion vorgekommen, nach ihm die Ostrea Canadensis Lam., welches aber vielleicht die O. Patagonica d'Orbigny's ist, die charakteristische Muschel der Patagonischen Tertiärformation, die also auch vielleicht vereinzelt vorkommt. Daneben scheint auch die oberste Abtheilung, die eigentliche Pampasformation, sich zu finden, die dem sehr fruchtbaren, röthlich gefärbten Erdboden, der sich von dem Gebiete der alten Missionen nordwärts bis nach Villa Rica ausdehnt, bildet, wogegen die ausgedehnten, mit Wasser und Sümpfen bedeckten Landstriche wohl, wie in der benachbarten Provinz Corrientes, der Guaranischen Tertiärformation angehören, deren obere gypshaltigen Thone für das Wasser sehr undurchlassend sind und deshalb so sehr die Bildung unermeßlicher Moore und zahlreicher Seen befördern, die einen so charakteristischen Zug in der Topographie des Landes bilden. Aeltere krystallinisch körnige und vulkanische Gesteine scheinen gänzlich zu fehlen, obgleich Page beim Ersteigen des Pan de Azúcar über vulkanische Felsen gestiegen zu seyn meint und den Berg einen vulkanischen Kegel nennt, und von Vulkanen ist keine Spur gefunden, weshalb denn auch verheerende Erdbeben ganz unbekannt sind; nur sehr selten sind unbedeutende Erdschütterungen beobachtet worden. Auch Mineral- und Thermalquellen scheinen zu fehlen.

Dieser einfachen geognostischen Beschaffenheit entsprechend ist Paraguay auch nicht reich an nutzbaren Mineralien. Edle Metalle sind bisher gar nicht gefunden, eben so wenig Diamanten (die in der benachbarten brasilianischen Provinz Mato Grosso so häufig vorkommen, was nicht für die Identität der Formationen von Paraguay mit denen jener Provinz spricht), und lange glaubte man, daß Paraguay auch gar keine Erze hätte, bis in neuerer Zeit Eisensteinlager, besonders in der Sierra von Mbonabpey in der Nähe von Ibicuy, gefunden worden sind, auf welche jetzt auch gebaut wird und die zum Theil 74 % Eisen enthalten. Auch Hinterze sind neuerdings gefunden und ist wohl zu erwarten, daß eine wirkliche geognostische Untersuchung des Landes noch mehr nutzbare Mineralien nachweisen wird. Besonders wünschenswerth wäre die Auffindung von Steinsalz oder reicheren Salzquellen, deren Mangel für das Land fühlbar ist. Die jetzigen sogen. Salinas des Landes, welche das Salz für den häuslichen Gebrauch erforderliche Salz liefern, sind gewisse, mit Salz imprägnirte Thonlager, aus denen bei den Ueberschwemmungen der Flüsse das Salz aufgelöst wird und nach dem Rückzuge des Wassers, nachdem die Sonne den Boden getrocknet hat, auf demselben effloresirt. Das Salz wird dadurch gewonnen, daß man den damit bedeckten Thon auslaugt und das Wasser in thönernen Gefäßen abdampft. Das so gewonnene Salz ist indeß schlecht, da es außer Kochsalz auch eine nach den Localitäten größere oder geringere Menge von schwefelsauren Natron enthält und deshalb auch mehr oder weniger bitter und zerfließend ist. Den größten Theil des in die Republik gebrachten Salzes liefern die Umgebungen des Dorfes Lambaré am Paraguay in der Nähe der Hauptstadt, dann die von Tapuá weiter nördlich und diesenigen am Rio Salado, dem Abflusse der Laguna de Ipacaray oder Ipacaraí, eines großen Sees mit brackigem Wasser, einige Meilen im Osten der Hauptstadt. In trockenen Jahren kann davon hinreichend gewonnen werden, in nassen Jahren reicht aber die Production nicht aus und bedarf Paraguay deshalb oft der Salzeinfuhr aus Buenos Aires, nur um den nothwendigen Bedarf zu befriedigen. Die salzhaltigen Bodenschichten, die sogen. Barrtros oder Barreros, sind im Westen des Landes, besonders im Süden ziemlich verbreitet, in der östlichen Hälfte und durchgängig auf dem höhreren Lande fehlen sie aber ganz, zum großen Nachtheile der Viehzucht, die dort, wo der Boden kein Salz enthält, nicht möglich ist, wenn dem Viehe nicht Salz zum Futter gegeben wird, weshalb Paraguay lange nicht so günstig für die Viehzucht ausgestattet ist, wie die argentinischen Ebenen und diejenigen von Uruguay.

Die hydrographischen Verhältnisse des Landes sind günstige, denn außer den beiden großen Flüssen, welche das eigentliche Paraguay an drei Seiten umgeben, ist auch das Innere reich an Flüssen. Von dem R. Paraguay ist schon S. 937 ausführlicher die Rede gewesen, über den Paraná muß hier aber, so weit er für Paraguay in Betracht kommt, noch Einiges nachgetragen werden nach dem Tagebuche des Lieutenants Domingo Patiño, der denselben im Auftrage des Präsidenten Francisco S. Lopez i. J. 1863 von der Villa Encarnacion aufwärts bis zu den großen Fällen (Gran Salto) de Guiará, dem Salto de las Siete Cahidas der Brasilianer (früher auch Salto de Canendiyú nach dem Kaziken genannt, der dort zur Zeit der Eroberung lebte) befahren hat. Aus dieser Expedition geht hervor, daß dieser Fluß beinahe auf dieser ganzen Ausdehnung für größere Böte mit flachem Boden (Chalanas) schiffbar ist, aber doch, wenigstens in der Jahreszeit, in welcher diese Expedition stattfand, im Februar und März, wo das Wasser des Paraná schon bedeutender zu fallen anfing, nicht ohne erhebliche Schwierigkeiten und auch nicht bis zum Fuße des Gran Salto selbst. Größtentheils freilich konnte der Strom des Wassers durch Rudern gut überwunden werden, aber nur, wenn bei günstigem Winde zugleich von den Segeln Gebrauch gemacht werden konnte, ging die Fahrt ziemlich rasch. Wiederholt und namentlich da, wo Inseln im Flusse, die übrigens in diesem Theile desselben nicht zahlreich sind, das Fahrwasser verengen, mußte das Zugseil (Sirga) zu Hülfe genommen werden, was dadurch sehr erschwert wurde, daß die Ufer des Flusses größtentheils steile und hohe, schwer zu erklimmende Felsenufer (Barrancas) sind, auf welchem der dichte Wald wenig Raum zum Sehen übrig läßt. Nur an wenigen Stellen sind die Ufer niedrig, namentlich zwischen den Mündungen des R. Monday (aus Paraguay) und des R. Yguazú de Curitiba (aus Brasilien, unter 25° 41' S. Br. nach Azara), wo an einer Stelle die Breite des Flusses durch Felsen bis auf 150—160 Varas (125—135 Meter) eingeengt ist und welches die Uebergangsstelle (Paso) des Alvar Nuñez Cabeza de Vaca auf seinem berühmten Zuge durch die Wildniß i. J. 1542 aus Brasilien nach Asuncion seyn soll. Der Yguazú ist bei seiner Mündung 150 Varas breit und hört man daselbst noch das Geräusch eines Wasserfalls, welchen der Fluß einige Leguas aufwärts macht, wie denn von hier an aufwärts fast alle Zuflüsse des Paraná an ihrer Mündung oder unweit davon durch bedeutende Katarakte ihr Wasser dem Paraná zuführen. Das erste sich durch den ganzen Fluß hindurchziehende Felsenriff fand sich an der Mündung des Riacho (R. Fl.) Jocoy und derjenigen des Riacho Diabo (unter etwa 25° 10' S. Br.). Der Hauptcanal des Flusses ward dadurch zu der Zeit auf eine tief eingeschnittene Felsenschlucht (Cajon) zusammengedrängt, und kostete es der Expedition schon hier große Mühe, diesen Paso zu überwinden. Es ist dies wahrscheinlich der Salto Chico (kleiner Fall) Azara's, der jedoch kein eigentlicher Fall ist. Bei hohem Wasser sollen die Riffe Wasser genug haben, um mit größeren Fahrzeugen ungehindert passirt zu werden. Bald darauf stellten sich andere Riffe ein, über welche die Fahrzeuge eins nach dem anderen mit großer Anstrengung über stufenförmige Felsen geschafft werden mußten, wobei mehrere leck wurden. Zwischen diesen verschiedenen Hindernissen kamen wieder ruhigere Strecken vor, auf welchen man durch Ruder und das Zugseil vorwärts rückte, meist war jedoch die Strömung eine sehr ungestüme. Endlich an eine Stelle angekommen, wo die Strömung, nachdem das Wasser schon bedeutend gefallen, so stark war, daß es nicht möglich schien, weiter vorwärts zu bringen, erkletterten die Reisenden das 17 Varas hohe Ufer und machten einen Weg (Picada) durch den Wald, um zu recognosciren, ob weiter oberhalb die Schifffahrt möglich sey. Sie überzeugten sich aber, daß das Wasser fortgesetzt in gewaltigen Wirbeln dahinbrauste und entschlossen sich deshalb, da es unmöglich war, weiter mit den Fahrzeugen vorwärts zu dringen, die Reise zu Lande fortzusetzen. Das Vordringen war aber sehr schwierig, theils des dichten Waldes wegen, theils durch die tiefen Schluchtenthäler der dem Paraná zufließenden Gewässer, so daß 12 Tage gebraucht wurden, um die auf dem Rückwege gemessene Strecke bis zum Gran Salto von 10½ Leguas zurückzulegen. Durch ein solches Schluchtenthal, dessen Wände nicht zu erklettern, gezwungen, den darin hinstürzenden Bach (Arroyo) bis zu seiner Mündung zu verfolgen, wo es gelingt, das Wasser mit Hülfe von gefällten Baumstämmen über die darin liegenden Felsen zu überschreiten, kommen sie an einen schönen, sehr ausgedehnten Wald von Orangenbäumen, deren in Fülle vorhandene Früchte, obgleich bitter, sie sehr erquicken und unter deren Schatten sie ungehindert von Unterholz und sonstigen Hindernissen, „tausendfach diese Bäume preisend", behaglich dahin wandern. Weiterhin treffen sie, nun auf der hier weniger steilen Uferfläche des Paraná fortschreitend, noch mehrere solcher Selven der längst untergegangenen Missionen der Jesuiten, dagegen werden andere Reste gar nicht erwähnt, nur weiter flußabwärts wurden Ruinen alter Ziegelbauten gefunden. Nachdem endlich mit großer Anstrengung noch der Fluß, nachdem ein Soldat schwimmend ein Seil nach dem gegenüberliegenden Ufer gebracht, passirt worden, kommen sie Tages darauf an den Gran Salto an. Der Anblick desselben wird als überaus großartig und wahrhaft überwältigend geschildert. Von dem Niagarafall, mit welchem er nach älteren Nachrichten verglichen worden, ist derselbe jedoch sehr verschieden und ganz eigenthümlicher Art. Der Fluß kommt nämlich nicht in einem Canal an den Absturz an, sondern verzweigt sich oberhalb desselben auf einem theils felsigen, theils sumpfigen, nur bis und da bewaldeten Plateau in mehrere Arme, von welchen einige inselartig erweitert sind, so daß das Wasser nicht in einer Masse, sondern in 21 Fälle getheilt, die auf einer Linie von hufeisenartiger Form liegen, herabstürzt und sich darauf wieder in einen einzigen Canal sammelt. Die

VEREENIGING TOT VERBETERING DER VOLKSGEZONDHEID,

OPGERICHT TE UTRECHT,

gedurende de cholera-epidemie in 1866.

ONDERWIJS EN BEOEFENING

DER

GYMNASTIEK.

Onderwerpen ter bespreking in de Openbare Algemeene
Vergadering van Maandag, 15 Februari 1875, des
avonds ten half negen ure in het Gebouw
voor Kunsten en Wetenschappen.

1.

De gymnastiek vordert de belangstelling onzer Vereeniging, omdat ze strekt tot verbetering van de gezondheid, de kracht en de energie des volks.

De gymnastiek is een deel der hygiëne, dat voor ons geslacht in hooge mate vereischt wordt, en dat tot heden hier maar al te zeer verwaarloosd werd. Door velerlei zorg tracht men thans de instandhouding en voortplanting van een verzwakt ras te bevorderen, — geheel in tegenstelling met de Spartaansche opruiming van gebrekkigen en zwakken. Het is noodig verbetering van den volksaard door systematische lichaamsoefening en opvoeding daar tegenover te stellen.

2.

De gymnastiek beoogt gelijkmatige ontwikkeling van het geheele lichaam, en de oefening van het vermogen om naar eisch dadelijk over zijne krachten te beschikken.

2

Geenszins de onevenredige, eenzijdige spierontwikkeling van den kermisathleet, evenmin het aanleeren van halsbrekende toeren zijn het streven der gymnastiek. Integendeel, zij bedoelt harmonische ontwikkeling van het individu door het beoefenen, volgens vaste methode, van doelmatige beweging en handeling, waarbij elke zwaardere oefening door middel van voorbereidingstoeren wordt aangeleerd. De gymnastiek bevordert de opgewektheid van den geest, omdat hierbij vereischt wordt snelle opvolging van waarneming, oordeel, besluit en handeling.

3.

Ofschoon de systematische oefening de hoofdzaak moet blijven van de gymnastiek, behoeft het aanleeren van doelmatige beweging daarbij niet klein te worden geacht. Als zoodanig wenschen we van de gymnastiek de behandeling van de wapens en de eerste militaire exercitiën niet buiten te sluiten.

De rekrutenschool past veel eigenaardiger voor den schoolknaap dan voor den twintigjarigen milicien. Zoude men niet van de volksschool mogen eischen dat ze den leerling zooverre brenge, dat hij aanspraak kan maken op de bekorting van den eersten militairen oefentijd, bedoeld bij Koninklijk Besluit van 20 Maart 1874?

4.

Voor de beoefening der gymnastiek wordt eene ruime gelegenheid vereischt binnenshuis: eene zaal hoog van verdieping, goed verlicht, met de noodige middelen voor ventilatie voorzien. Vervolgens zij er eene oefenplaats in de opene lucht, waar met goed weder, vooral des zomers, de oefeningen worden gehouden [1].

[1] Vergelijk: Concept-wet van de binnen Utrecht op te richten gymnastiek-school, Juni 1860, opgemaakt en geteekend door W. H. Bracama, Louis Mulder en J. van Heusden; en: De Gymnastiek en hare invoering in Nederland, door Carl Euler. Haarlem 1863.

Bij oefening wordt de gezondheid bevorderd, wanneer krachtsinspanning gepaard gaat met verbruik van frissche, zuivere lucht. Hierdoor wordt tevens een tegenwicht gegeven aan het nadeel van de altijd eenigermate bedorvene lucht in de school.

5.

In elke stad behoort eene school gevestigd te zijn voor alle klassen van menschen, voor alle standen toegankelijk, waar men voor eene geringe jaarlijksche contributie zich dagelijks aan oefening, onder bepaald toezicht kan toewijden. Tevens moet aan alle inrichtingen voor lager onderwijs, onderwijs in de gymnastiek worden verbonden.

Men erkent vrij algemeen het nut der gymnastiek, maar het is er verre van verwijderd, dat men doelmatige lichaamsoefening overal mogelijk maakt.

Gymnastiek is opgenomen onder de voorgeschreven vakken van het middelbaar onderwijs, maar reëel wordt ze daar slechts in naam — alleen om aan de letter van de wet te voldoen — onderwezen.

Gymnastiek is inzonderheid noodig op de scholen van het lager onderwijs. Thans, nu het uitzicht zich opent op herziening en uitbreiding der onderwijswet, is het de tijd met kracht en klem er op aan te dringen dat gymnastiek onder de verplichte leervakken worde opgenomen.

6.

Gymnastiek-onderwijs moet een integreerend deel van het lager onderwijs worden. Wij wenschen dat de akte van gymnastiek-onderwijzer verplichtend worde gesteld voor elken onderwijzer aan de lagere school.

Het gehalte van den onderwijzer, wat diens gezondheid, karakter en energie aangaat, zal verbeteren door beoefening en onderwijs van de gymnastiek. Maar ook goed gymnastiek-onderwijs eischt beschaving en ontwikkeling van geest. Daarenboven is de afwisseling van studie en van lichaamsoefening voor den onderwijzer even nuttig en noodzakelijk als voor den leerling.

7.

De gymnastiek behoort, als onderdeel der hygiëne, aan elke geneeskundige school te zijn vertegenwoordigd.

De orthopaedische gymnastiek is een deel van de heelkunde en behoort, zoo niet door den arts zelven, zeker onder diens toezicht te worden toegepast. De arts moet hebben geleerd waar en in hoeverre gymnastiek aan kinderen van verschillende ontwikkeling moet worden voorgeschreven. Maar er is meer: het geneeskundig hooger onderwijs beoogt niet alleen de praktische opleiding van den arts; het hoofddoel is dáár de vorming en ontwikkeling van wetenschap. Het is te wijten aan de onvolledigheid van ons geneeskundig hooger onderwijs, wanneer hier de hygiëne — en als onderdeel daarvan de gymnastiek — niet als wetenschap wordt gekend en erkend.

8.

De middelen, waardoor het onderwijs en de beoefening der gymnastiek door onze Vereeniging kan worden bevorderd, zijn:

Openbare bespreking en aanbeveling;

Het oprichten en ondersteunen van Vereenigingen en Scholen voor gymnastiek.

Het doen houden van openbare voorstellingen van gymnastiek-onderwijs en beoefening;

Aanbeveling van de belangen van het gymnastiek-onderwijs aan de Hooge Regeering en aan de Corporatiën, die zich ten doel stellen de bevordering van het onderwijs en de ontwikkeling des volks.

erpendikuläre Höhe des Falles im Hauptcanal, welcher jedoch nicht senkrecht, sondern über einen steilen Abfall herabstürzt, betrug zur Zeit des Besuches (Anfangs März) nicht über 18 Varas (46 preuß. Fuß). Die Masse des herabstürzenden Wassers war enorm, wahrscheinlich ist dieselbe aber, ebenso wie die Höhe der Fälle zur Zeit der Anschwellungen des oberen Paranás noch viel bedeutender und zeigten Baumstämme und trocknes Holz auf den zwischen den Fällen liegenden Felsen doch über dem damaligen Niveau, wohin sie nur durch Wasser geführt werden konnten, auch an, daß zu der Zeit die meisten der jetzt getrennten Fälle zu einem einzigen sich vereinigen. — Nach Azara, nach dessen Beschreibung (die aber wahrscheinlich nicht auf eigener Anschauung beruht, sondern dem Berichte seines Collegen, des Seecapitäns D. Diego Alvar, entnommen ist, desjenigen der spanischen Grenz-Commissäre, welcher den Paraná von den großen Fällen an bis nach der Mission Corpus aufgenommen hat) das Wasser in einem einzigen Canal von 70 Varas Breite herabstürzt, liegt der Gran Salto unter 26° 4' 27'' S. Br. Auch Azara berichtet, daß die Wassermasse nicht über eine Kante vertikal herunterstürze, sondern auf einer 50° gegen den Horizont geneigten Ebene und daß die perpendikuläre Höhe 20 Varas und 1 Palme (52 par. Fuß) beträgt.

Die Ausdehnung des Paraná von den großen Fällen bis nach der Villa de Encarnacion beträgt 170 bis 180 Leguas. Bis zur Einmündung des R. Iguazú, 33 Leg. in gerader Linie, fließt der Fluß in einem engen, fast überall von hohen und steilen Ufern eingefaßten Felsenbette dahin, und zwar mit so beträchtlichem Falle, daß diese ganze Strecke als eine Fortsetzung der Fälle angesehen werden kann. Weiter abwärts bleiben die Ufer des Flusses ebenfalls noch überwiegend felsig und steil, doch erweitert er sich allmählich und fließt bei viel geringerem Falle langsamer dahin, obgleich sein Strom bis zu den untersten Stromschnellen (bei Apipé, s. S. 954) überall rascher bleibt, als der des Paraguay. Auch an Wassermenge übertrifft er denselben bedeutend, da er, obgleich durchgängig schmäler, doch tiefer ist als dieser, und nach Azara soll er bei der Vereinigung mit dem Paraguay an zehn mal so viel Wasser führen als dieser. Das Wasser des Paraná zeichnet sich vor dem des Paraguay durch seine große Klarheit aus und gilt überall für sehr gesund, auch ist es reicher an Fischen und zwar sehr wohlschmeckenden, namentlich nicht weit unterhalb der großen Fälle, wo auf der Expedition i. J. 1863 die sie begleitenden Indianer in kurzer Zeit genug für die ganze Gesellschaft durch ihre Pfeile erlegten.

Die Anschwellungen des oberen Paraná sind häufiger und nicht so regelmäßig, wie die des Paraguay, bei welchem sie durch das große Bassin der Seen und Sümpfe von Xarayes mehr geregelt werden. Die höchste Anschwellung findet aber regelmäßig im December statt.

Oberhalb des Gran Salto fließt der Paraná in zwei Hauptarmen, welche eine schmale, aber fast einen Breitengrad lange Insel, die Insel des Gran Salto, einschließen und weiter aufwärts bei der Einmündung des R. Yguarey, wo er aufhört, die Grenze von Paraguay (nach dessen Ansprüchen) zu bilden, gibt seine Richtung, welche (aufwärts verfolgt) vom 27° S. Br. an, die von S. nach N. mit allmählich mehr Abweichung gegen O. gewesen, in die nach N.O. über.

Der Paraná empfängt aus Paraguay viele Zuflüsse, von denen mehrere für Böte schiffbar sind, allein meist nicht bis zu ihrer Mündung, weil sie unweit von derselben ihr Wasser durch Kataralte herabzustürzen pflegen. Die bedeutendsten dieser Flüsse sind: der R. Yguarey, auch R. Monici genannt, der R. Joinbelma oder Joenelma der Brasilianer, dessen Quellen in der Sierra de San José liegen, nach Rengger unter 22° 24' S. Br. mündend, und der von Paraguay als der R. Ygurey des Tractats von San Ildefonso und als Grenzfluß gegen Brasilien angesehen wird; der R. Anambay, unter etwa 23° 21' S. Br. mündend; der R. Ygatemi oder Gatimy, unter 23° 56' S. Br. mündend, der erste größere Strom der oberhalb des Gran Salto aus Paraguay in den Paraná mündet und den Azara für den R. Ygitami des Tractats von S. Ildefonso anzunehmen geneigt war, wenn die Portugiesen sich nicht dazu verstehen wollten, den R. Daguarey dafür anzuerkennen; der R. Igarey, der erste unterhalb des Gran Salto mündende Strom, den Brasilien jetzt für den Igurey des gen. Tractats erklärt und als solchen setzt als Grenzfluß zwischen Brasilien und Paraguay fordert, obgleich es i. J. 1844 diesen Tractat als Basis für diese Grenzregulirung außer Kraft erklärt hat; der R. Acaray oder Ac.-guazú, d. h. Großer Ac., unter 25° 30' S. Br. mündend und aus den Flüssen Acaray-mini, Empalado, Ybicui, Ybu, Tanima und Juquiry entstehend, und der R. Monday, unter 25° 40' S. Br. mündend und aus dem R. Mirangua und R. Yaborda entfließend. Alle diese Flüsse entspringen auf der Sierra de Maracayú und ihrer südlichen Fortsetzung so nahe den Quellen der westwärts zum Paraguay fließenden Ströme, daß man in derselben halben Stunde einen Bach, der zum Paraná, und einen anderen, der zum Paraguay geht, antrifft, und zeichnen sie sich alle durch ihr reines, zum Trinken vortreffliches Wasser aus.

Die zum Paraguay gehenden Ströme haben einen längeren Lauf, als die Zuflüsse des Paraná aus dem Gebiete der Republik, weil die Gebirgszüge, auf welchen sie meist nahe denen der Zuflüsse des Paraná entspringen, näher dem Paraná als dem Paraguay liegen. Sie fließen wie jene alle in fast paralleler Richtung und ziemlich geraden Laufes dem Paraguay zu bis auf einen, den Tebicuary, welcher erst auf einem weiteren Laufe gegen S. im Centrum der Republik aus einem größeren Gebiete das Wasser sammelt, ehe er westlich sich wendend, dem Paraguay zufließt. Die bedeutendsten dieser Flüsse sind: der R. Blanco oder R. Corrientes, auf portugiesischen Charten auch R. Nabileque, von den Indianern Itatin genannt, unter 21° 4' S. Br. mündend, der von Paraguay als Grenzfluß gegen Brasilien in Anspruch genommen wird (s. S. 1142); der R. Apa oder Appa, auf einigen Charten ebenfalls R. Corrientes genannt, welcher Name im Lande für diesen Fluß aber unbekannt ist, unter 22° 6' S. Br. nach Lerberger (22° 3' nach Pasos) mündend; der R. Aquidabaniguy (Aquidabanigy), ungefähr unter 23° 10' S. Br. mündend, zur Zeit Renggers die Nordgrenze des bewohnten Theiles von Paraguay bildend, indem die vor der Revolution bestandenen nördlicheren Ansiedelungen durch die Mbayás-Indianer zerstört worden, welche sogar die Stadt Villa Real de la Concepcion bedroheten, bis Francia durch Anlage von Grenzposten (Guardias) dem Flusse entlang das Gebiet bis zu demselben schützte. Gegenwärtig ist diese Grenzpostenlinie bis an den R. Apa vorgeschoben und dehnen sich jetzt die Ansiedelungen wieder über den Aquidabaniguy hinüber aus. Der R. Ypane, etwa 5 engl. M. unterhalb der Villa Concepcion (23° 23' 56" S. Br. u. 57° 30' 39" W. L. v. Greenw. nach Page) mündend, obgleich, wie der vorige in der entfernten Sierra von Amambay entspringend, doch nur für Böte schiffbar, aber auf seinen verschiedenen Furten schwer zu passiren, besonders in der Regenzeit, wo er zu einem reißenden Strome wird und große Ueberschwemmungen verursacht. Sein Wasser ist sehr klar und vortrefflich zum Trinken, da sein Bett, wie das seiner Zuflüsse, in felsigem Terrain (Sandstein) liegt. Der R. Jejuy oder Tejui, in der Nähe des kleinen Hafens von San Pedro (24° 5' 26" S. u. 57° 13' 7" nach Page) mündend, ein beträchtlicher Strom, der in der Sierra de Maracayú entspringt und einen der wichtigsten Theile der Yerbales (Maté-Wälder) durchfließt und für den Transport des Maté-Thees sehr wichtig ist, indem er für Böte den größten Theil des Jahres schiffbar ist und in der Zeit seines hohen Wasserstandes sehr große Böte (Piraguas) von der tief im Innern in der Nähe der Sierra gelegenen Ortschaft Enruguaty bis zum Hafen von S. Pedro hinunter kommen, bis zu welchem kleine Dampfschiffe aufsteigen können. Unter den Zuflüssen des Jejuy ist der R. Aguarey von NO. her, bemerkenswerth wegen eines großartigen Wasserfalles, den er beim Austritt aus der Sierra bildet. Nach Azara, der diesen Fluß mit der Seine vergleicht, stürzt sein Wasser unter 23° 38' S. Br. u. 59° 38' W. L. v. Paris in einem Canal von ungefähr 80 F. Breite in einem perpendiculären Fall von 149½ Varas (384 F.) herab, somit einen der höchsten bekannten Wasserfälle bildend, der aber nach Rengger eher einen tristen und wilden als einen anziehenden Anblick gewährt, da er in einer tiefen Schlucht mitten im einsamen Urwalde liegt. Der R. Tebicuary-guazú oder Großer Teb. (Tbiquari) ist der größte und wichtigste Fluß des Landes. Er entspringt unter etwa 26° S. Br. auf dem von unabhängigen Indianern bewohnten und durch seine Palmwaldungen berühmten Hochlande im O. der Republik und fließt anfangs, sehr bald für Böte schiffbar werdend, gegen S.W. bis zum Paso de Duty, unter etwa 58° 40' W. L. v. Paris, wendet sich dann gegen W. und läuft in dieser Richtung, jedoch mehrere große Windungen machend, dem Paraguay zu. Einige Leguas unterhalb des Paso de Duty, bei welchem er im Sommer furtbar ist, während er zur Zeit der Regen sich weithin ausbreitet, nimmt er den von N.N.O. herbeifließenden R. Diraporeru auf und bald darauf unter etwa 59° 5' W. L. v. Paris den Tebicuary-mini oder Kleinen Teb., der jedoch an Länge den Tebicuary-guazú bis zu dieser Stelle überteifft. Der Kleine Teb. entspringt auf dem Hochlande, der sogen. Sierra de Caaguazú, unweit im N.O. von Villa Rica, fließt anfangs gegen S.O. ab, dann gegen S. und wird, nachdem er mehrere größere Zuflüsse, wie namentlich den Pacan-mini und Pacan-guazú aus der sogen. Cordillere von Villa Rica aufgenommen, bald unterhalb Villa Rica für Piraguas schiffbar. In dem Paso de Itapú auf der Straße von Asuncion nach Villa Rica hat der Tebicuari-mini eine Breite von 30 bis 40 Meter. Seine Tiefe ist wechselnd und seine Strömung wenig rasch. In der trockenen Jahreszeit wird er furtbar, zur Regenzeit tritt er aber weithin aus und kann dann nur auf Böten passirt werden. Unterhalb der Mündung des Tebicuari-mini und unweit derselben empfängt der Teb.-guazú noch einen etwas größeren Zufluß von N., den Riacho Mbuyapey, fließt darauf, viele Windungen machend, durch niedriges, von Esteros erfülltes Terrain, in welchem er durch den Arroyo Negro von N. her das Wasser aus der Lagune von Ypoa aufnimmt und mündet in den Paraguay 14 Leguas (30 Seemeilen) oberhalb der Villa del Pilar durch zwei Mündungen, von denen die nördlichere 4. bis 500, die südliche 800 Meter Breite hat und nach Leverger unter 26° 36' S. Br. liegt. Sowohl der Große wie der Kleine Tebicuari unterscheidet sich von allen anderen größeren Flüssen des Landes dadurch, daß sie größtentheils nicht in Felsenbetten, sondern in flachen, sandigen oder lehmigen Ebenen dahinfließen, deshalb auch kein reines, sondern meist sehr trübes Wasser führen, dagegen aber auch nur eine geringe Strömung haben und deshalb als Wasserstraßen von Wichtigkeit sind. Sie können mit großen Böten befahren werden und würden mit sehr geringem Kostenaufwande auch für kleine Dampfböte schiffbar und dadurch zu einem bequemen Verkehrswege für den Export des größten Theils des am besten bevölkerten und cultivirten Innern der Republik gemacht werden können. Denn solche Dampfböte würden diejenigen Producte aus diesem Landestheile, welche jetzt zu Lande auf Ochsenkarren nach der Hauptstadt gehen, schneller und für die Hälfte der Fracht auf dem Tebicuari abwärts und von da aufwärts nach Asuncion führen können. Zur spanischen Zeit fand auf diesen Flüssen auch eine bedeutende Ausfuhr, namentlich von Bauholz, statt, gegenwärtig hat dieser Handel aber ganz aufgehört, seitdem Francia das Bauholz zu einem Monopol der Regierung gemacht und sieht auch der sonstigen Productenausfuhr auf diesen Flüssen die gegenwärtige Handelspolitik der Regierung entgegen, wonach Asuncion allein für den auswärtigen Handel geöffnet ist. Dies liegt aber 142 engl. Meilen oberhalb der Mündung des Tebicuari, während den natürlichen Markt für den Export auf diesem Flusse die argentinische Stadt Corrientes, 109 engl. M. unterhalb seiner Mündung, bildet.

Außer den genannten Flüssen, welche aus dem Gebiete der Republik westwärts und ostwärts zum Paraguay und zum Paraná abfließen, erhält der letztere auch noch einige kleinere Flüsse aus der schmalen südlichen Abdachung des Landes, wie den R. Tacuari, den R. Aguapey und den R. San Antonio, welche zwar an sich unbedeutend, aber für die Bewässerung des fruchtbaren Gebietes der ehemaligen Missionen auf dem rechten Ufer, deren Nord- und Westgrenze der Tebicuari bildete, von Wichtigkeit sind.

Paraguay hat auch ausgedehnte stehende Gewässer, doch beschränken dieselben sich vornehmlich auf den südwestlichen Theil des Landes (s. S. 1144). Außer den schon genannten sind noch bemerkenswerth die Lagune Ypacaray im O. der Hauptstadt (unter 25° 33′ S. u. 59° 20′ W. v. Paris nach Rengger), 6 Leguas von N.W. nach S.O. lang und zwischen ¼ und 2 Lrg. breit, ein schöner Landsee in einem der schönsten und fruchtbarsten Theile des Landes gelegen, und der Estero von Aguaracaty weiter im N.O. von Asuncion, der 80 Leguas im Umfang hat und durch das Wasser des kleinen Flusses Tapiracuy gespeist wird. Außerdem finden sich ausgedehnte, sumpfige Niederungen an den unteren Theilen der meisten der dem Paraguay zufließenden Ströme, die aber von diesem Flusse meist durch einen höheren trockenen Landbrücken getrennt werden. Bei sehr großen Anschwellungen des Paraguay werden aber auch diese stellenweise überschwemmt, so daß die auf ihnen liegenden Posten und Ansiedelungen verlassen werden müssen und alsdann sieht man in Kähnen zwischen den Gipfeln von 25 bis 30 F. hohen Bäumen über Ebenen, auf welchen man sonst Wildheerden weiden sieht.

Das Klima von Paraguay ist, seiner geographischen Lage entsprechend, warm und, da das Land keine hohe Gebirge hat, überall ziemlich dasselbe, zeigt jedoch große Eigenthümlichkeiten. Die mittlere Temperatur in Asuncion beträgt nach Beobachtungen aus den Jahren 1853 bis 55 76° Fahrenh. oder 19.55° Reaum. Als Extreme der Temperatur sind daselbst von Azara 100° F. oder 30°,02 R. (jedoch im Zimmer, wo in den heißesten Stunden die Temperatur unter der in der freien Luft zu bleiben pflegt) und 30° F. oder 0°,9 R. beobachtet. Nach Rengger kann man in Paraguay noch die vier Jahreszeiten erkennen, obgleich die Einwohner nur zwei Jahreszeiten unterscheiden, den Winter und den Sommer. Die heißesten Monate sind Januar, Februar und März, die kühlsten Juli, August und September; die Monate April, Mai und Juni bilden den Herbst oder die Regenzeit, die Monate October, November und December den Frühling, wo die Regen wieder eintreten, jedoch weniger reichlich als im Herbste. Auch tritt der Frühling in der Natur wenig hervor, da während des Winters wenige Bäume ihr Laub verlieren und überhaupt der Fall des Laubes mehr durch Dürre als durch Kälte verursacht wird, wie denn auch im Winter die Orangen blühen und diese Jahreszeit die beste zur Cultur der europäischen Gemüse ist. Während neun Monate fällt das Thermometer mit nur wenigen Ausnahmen nicht unter 20° R. um die Mitte des Tages; während der Monate December, Januar, Februar und selbst im März hält es sich gewöhnlich auf 24—25° und während der heißen Tage zu Ende des Januars und zu Anfang Februars steigt es von 10 Uhr Morgens bis um 4 Uhr Nachmittags bis 28° und im Norden von Paraguay, z. B. in den Umgebungen von Ycuamandeyu und Villa Real bis . . . . Tagen des Winters, die gewöhnlich im Juli, in anderen im September eintreten. Sinkt das Thermometer Morge Abends zwischen 11 Uhr und Mitternacht bis auf 8° Tages auf 12 und 15° und selbst darüber. In einze Nächte vor, wo es bis auf Null sinkt und man am M und auf den Halmen der Gramineen sieht. Solche M dem Zuckerrohre und pflegen sie auch nur etwa alle dre . . . . sich zwei- bis dreimal zu wiederholen. Im südlichen Theile des Landes, in den sogen. Missionen, sind sie jedoch etwas häufiger, wogegen sie im R., z. B. bei Villa Rica, fast ganz unbekannt sind.

Die Beschreibung der Jahreszeiten giebt jedoch kein richtiges Bild von dem Klima Paraguay's, für welches es eben eigenthümlich ist, daß die Temperatur weniger von dem Laufe der Sonne als von den Winden abhängig ist und daß bei allen meteorologischen Erscheinungen eine große Unregelmäßigkeit stattfindet. Unbeständigkeit und Veränderlichkeit der Witterung sind das Charakteristische für das Klima Paraguay's. In der Temperatur treten in jeder Zeit große und oft sehr plötzliche Wechsel durch den Wechsel der Winde ein, so daß man nicht selten mitten im Sommer genöthigt ist, Winterkleider anzulegen, während man einen großen Theil des Winters hindurch in

Sommerkleidung geben kann. Die häufigsten Winde sind die warmen nördlichen (N. und N.O.), welche zu allen Jahreszeiten eintreten. Während des Winters steht als- dann das Thermometer auf 18 bis 20° R., wobei die Luft sehr feucht zu seyn pflegt. Im Sommer bewirkt dieser Wind oft große Hitze und wird, wenn er mehrere Tage anhält, zuweilen unerträglich, sowohl durch den Staub wie dadurch, daß alsdann die Nächte sich wenig abkühlen und die Wohnungen nicht kühl erhalten werden können. Wenn er 14 Tage ohne Unterbrechung anhält, wirkt er auch erschlaffend auf das vegetabilische und thierische Leben und Jedermann fühlt diesen Einfluß. Bei manchen Menschen bewirkt er auch nervösen Kopfschmerz und hypochondrische Stimmung und soll der Dictator Francia solchem Einfluß sehr unterworfen geworden seyn. Der Süd- wind dagegen ist kalt und trocken und erzeugt bei längerer Dauer leicht Brustentzün- dungen, hat aber noch mehr nachtheilige Wirkungen auf die Vegetation, indem er die Weiden ausdorrt und wenn er zur Zeit der Blüthe anhält, die ganze Erndte zer- stören kann, namentlich beim Wein. Er tritt ebenfalls in allen Jahreszeiten ein, am häufigsten pflegt er aber im Sommer zu seyn, wo er manchmal wie der Pampero in den Argentinischen Provinzen Häuser und Bäume vor sich niederwirft, und wo er die Temperatur bis auf 10—12° und manchmal sogar bis auf 8° R. erniedrigt. Als- dann zeigt sich, wenn die Nacht still wird, selbst im Sommer Nachtreif, der dann dem Zuckerrohr schädlich wird, weniger jedoch durch die Kälte als durch das plötzliche Aufthauen beim Erscheinen der Sonne, weshalb man vor Sonnenaufgang den Reif durch Ueberziehen eines Taues zu rathernen strebt. Auch zeigt sich dieser Nachtreif selten auf den höher, an den Pomas gelegenen Plantagen. Der unangenehmste Wind ist der N.W., die angenehmsten sind östliche Winde, die jedoch, wie jener und wie die rein westlichen, selten sind.

Die Regenzeit fällt der Regel nach mit den Aequinoctien zusammen. Aber auch in den hydrometeorischen Erscheinungen ist Unbestimmtheit, Veränderlichkeit und schneller Wechsel der Extreme von Dürre und Nässe die Regel, wenn gleich im Allgemeinen mehr über zu lange anhaltende Dürre als Nässe geklagt werden kann: indem jene viel mehr und allgemeiner schädlich wirkt, besonders für die Viehzucht, als diese, deren Nachtheile sich meist auf Zerstörungen in den Umgebungen der Flüsse beschränken. Im Ganzen ist das Klima ein überwiegend trocknes. Sehr häufig sind Gewitter, sie treten in allen Jahreszeiten ein und sind nicht selten äußerst heftig. Auch Hagel- schauer kommen durch das ganze Land mitunter vor, doch richten sie selten größeren Schaden an. Im J. 1789 sah man jedoch 2 Leguas von Asuncion Schloßen bis zu 2 Zoll Durchmesser fallen.

Trotz der geschilderten Unannehmlichkeiten ist das Klima von Paraguay doch im Ganzen ein gesundes. Bösartige miasmatische Fieber, welche in dem benachbarten Bolivia so häufig sind und auch in den nördlichen argentinischen Provinzen vorkommen, sollen in Paraguay, selbst in den niedrigen feuchten Gegenden, fast ganz unbekannt seyn, auch wird von Reisenden besonders bezeugt, daß das Schlafen unter freiem Himmel, trotz des regelmäßig sehr starken nächtlichen Thaues, durchaus keine üble Folgen für die Gesundheit hat und daß die Bewohner in der wärmeren Jahreszeit allgemein in den offenen Veranden der Häuser zu schlafen pflegen, obgleich die Luft sich während der Nacht sehr abkühlt.

Flora und Fauna des Landes haben wenig Eigenthümliches, und bildet Pa- raguay in dieser Beziehung einen Uebergang zwischen der Argentinischen Republik und dem tropischen Brasilien. Die Waldvegetation ist viel kräftiger als in den benachbar- ten argentinischen Provinzen, wie sich dies namentlich am Paraguay im Gegensatz zum Paraná zeigt. Wegen des verhältnißmäßig trocknen Klimas und der Unregel- mäßigkeit und Unbeständigkeit der atmosphärischen Niederschläge fehlt den Wäldern Paraguay's noch die Ueppigkeit und Großartigkeit der brasilianischen Urwälder, nur an den Flüssen, wo die Feuchtigkeit größer ist, herrscht ganz tropische Vegetation. Die Waldbäume sind zum großen Theil die schon bei der Argentin. Republik genannten, sie kommen hier aber in größeren Dimensionen vor und bedecken einen weit größeren Theil des Landes. Die vorkommenden Holzarten sind größtentheils sehr hart und dauerhaft und vorzüglich zum Schiffsbau, so wie zu Tischlerarbeiten geeignet. Dagegen brennen sie schwer, liefern aber durch Verkohlung ein vortreffliches Material für die Eisenproduction. Sie bilden einen wichtigen Ausfuhrartikel ebenso wie eine leichte, zum Erfatz des Tannenholzes dienende Holzart, Cedro genannt (Cedrela brasiliensis oder odorata), die sehr häufig ist. Auch die brasilianische Araucarie (A. brasiliana Lamb.), der Curiy der Indianer, der Pinheiro der Brasilianer, kommt vor, besonders in den Missionen, wo er durch die Jesuiten viel angepflanzt wurde und deshalb den Namen Arbol de las Misiones erhielt. Auch in den Umgebungen von Asuncion ist diese schöne Conifere, deren geröstete Samenkörner gern gegessen werden, neuerdings mit Erfolg angepflanzt. Am Paraguay wachsen mehrere Weidenarten von bedeutender Größe, deren Holz das Hauptmaterial für die Dampfschiffe liefert. Vornehmlich zur Anfertigung von sehr großen Böten oder Piroguen bis zur Länge von 60 und Breite von 6 Fuß durch Aushöhlen dient der riesige Stamm des Timbó, einer Araclenart, deren Holz nicht sehr hart ist und niemals Risse bekommt. Auch Bäume, welche vortreffliche Gerberinden und werthvolle, im Lande viel als Arzneimittel gebrauchte Harze und Gummiarten liefern, sind häufig. Namentlich findet sich im N. der Copaiba, welcher den sogen. peruanischen Balsam, und der Mangai-isi, der Kautschuf liefert, und giebt es unter den einheimischen Bäumen auch mehrere, die sich durch ihre vortrefflichen Früchte auszeichnen, wie der Araban, der Naogapar, mehrere Algarroben-Arten, die Guayava blanca, letztere ein Strauch, der auch eine schöne weiße Blüthe hat, der der Orange sehr ähnlich. Durch das vortreffliche Material, welches sie zu Tauwerf liefern, sind mehrere Schlingpflanzen von großem Werthe, wie die Guambopi oder Guembé und die Gumbataya, welche letztere auch eine werthvolle Frucht giebt, und die Caraguatá (Dromelia spinosa), eine Ananas-Art, deren Fiber nicht allein vortreffliches Tauwerf, Fischerleinen u. s. w. liefert, die wegen ihrer größeren Dauerhaftigkeit und Leichtigkeit denen aus Hanf vorzuziehen sind und schon zur Zeit der Spanier in Paraguay ausschließlich zu Tauwerk benutzt wurden, sondern auch zu einem seidenartigen Gespinnst sich verarbeiten läßt. Palmen sind schon viel häufiger als in der Argentinischen Republik, die verbreitetste ist die sehr nützliche Caraabay-Palme (vgl. S. 967). Der wichtigste Baum der Wälder von Paraguay ist aber der Ilex paraguariensis (Bonpland und St. Hilaire), welcher die sogen. Yerba-Maté oder den Paraguay-Thee, den wichtigsten Exportartikel des Landes, liefert. Dieser Baum, welcher die Gestalt des Orangenbaumes hat, aber eine zartere, behält wie dieser seine Blätter, die oval, ähnlich den Orangenblättern, jedoch nicht so lang sind, einen metallischen Glanz und sehr markirt hervortretende Rippen haben, das ganze Jahr hindurch. Er blüht im Juni, seine Blüthe ist aber wenig in die Augen fallend und hinterläßt eine kleine fleischige, Körner enthaltende Beere. Seine getrockneten und darauf durch Stampfen oder Mahlen zerkleinerten Blätter liefern, mit kochendem Wasser ausgezogen, ein Getränk, welches bei allen Bevölkerungen Süd-Amerika's von der Linie bis nach Patagonien keine mindere Rolle spielt als der Kaffe und der chinesische Thee in Europa und dort diese Getränke größtentheils vertritt. Die Guarani-Indianer nennen diesen Thee Caá, d. h. Pflanze, Blatt, Kraut, welches die Spanier durch Yerba (Kraut) übersetzt haben, unter welchem Namen er auch in allen La Plata-Ländern sowie in Brasilien und Chili bekannt ist. Zur Zeit der Jesuiten wurde dieser Baum zur Gewinnung seiner Blätter auch cultivirt, gegenwärtig wird aber aller in den Handel kommende Maté in den Wäldern (Yerbales) gesammelt zum großen Ruin derselben, ausgenommen in Paraguay, wo das Monopol der Regierung auch hier Waldschatz zur Folge gehabt hat.

Dieser Baum kommt zwischen dem südlichen Wendekreise und dem Rio de la Plata vor. Als den Landstrich, auf welchem sich die meisten Yerbales finden, bezeichnet Bonpland einen Streifen von der Barre do Rio Grande do Sul nach Villa Rica in Paraguay. Alles Land, das im N. dieses Striches liegt, besitzt Maté-Wälder, die mehr oder minder weit von einander entfernt sind, während sich auf dem

Gebiete im S. dieser Linie nur vereinzelte Stämme finden, bald am Rande der Wälder, bald im Innern. Der in den Handel kommende Maté wird jetzt in drei Regionen gesammelt, in Paraguay, in der brasilianischen Provinz São Paulo und in den sogen. Missionen zwischen dem Uruguay und dem Paraná. Den besten Maté liefert Paraguay, darauf folgt der Qualität nach der brasilianische, im Handel unter dem Namen Yerba de Paranagua, nach dem Einschiffungshafen, bekannt, und endlich derjenige der Missionen, in welchen gegenwärtig jedoch nur wenig gesammelt wird. Die verschiedene Qualität der drei Arten rührt wahrscheinlich nur von der Bereitungsart her, da der Maté sämmtlicher drei Regionen nach St. Hilaire einer und derselben Species angehört. Nach Rengger ist es derselbe Baum, der in Brasilien Cuen genannt und unter diesem Namen auch von Molina als in Chile vorkommend aufgeführt wird und schon von Linné unter dem Namen Psoralea glandulosa beschrieben ist. Der Cuen Chile's, dessen aromatische Blätter früher ebenfalls viel als Thee benutzt wurden, ist aber von dem Ilex Par. ganz verschieden. Nach Bonpland, der sich in seiner letzten Lebenszeit sehr viel mit der Untersuchung der Maté-Wälder in den Missionen beschäftigte und sich für die Ausbeutung derselben so wie für die Anpflanzung des Maté sehr interessirte, soll es jedoch mehrere und wenigstens drei Varietäten oder Species dieses Baumes in den genannten Regionen geben und auch der in den Handel kommende Maté nicht einer und derselben Species angehören.

In Paraguay wächst dieser Baum in großer Menge, jedoch mit anderen Waldbäumen gemischt auf den Abfällen der Cordillera de los Montes (s. S. 1144) und ihren südöstlichen Verzweigungen und liegen die größten der jetzt benutzten Yerbales Paraguay's am oberen R. Aquidabonigüy und in dessen Quellengebiete, 20 bis 25 Leguas im O. von Concepcion, und in der Umgegend von Curuguaty und Caaguazú. Sehr verbreitet ist die Yerba auch weiter östlich am Paraná unterhalb der großen Fälle, wo sie auch von uncivilisirten Indianern gesammelt wird und von wo ausgedehnte Yerbales sich über den Paraná einerseits nach Brasilien, andererseits nach dem Gebiete der Missionen bis an den R. Uruguay hinziehen, und wahrscheinlich kommt der Baum auch noch im nördlichen Theile der Republik Uruguay vor. Wo derselbe ehemals in den Missionen der Jesuiten cultivirt worden und die beste Sorte Thee lieferte, ist er nach ihrer Vertreibung völlig wieder verschwunden. Da die meisten Bäume Paraguay's immergrün sind und auch die Vegetation überhaupt niemals durch Frost unterbrochen wird, so bringt der Wechsel der Jahreszeiten wenig Abwechselung in dem Anblick der Landschaft hervor. Der Orangenbaum z. B. blüht zum zweitenmale mitten im Winter und der Weinstock zum erstenmale. Doch kann man in den Wäldern die Zeit des Sommers und die des Winters an einer leichten Aenderung im Grün der Bäume, das im Allgemeinen dort ziemlich dunkel ist, unterscheiden. Auch findet man weniger Blumen im Winter und wenn die nämliche Pflanze zweimal des Jahres blüht, so wird die Winterfrucht nie so gut wie die Sommerfrucht und bleibt bei einigen, wie z. B. den Pfirsichen, zwergartig. Die europäischen Gartengewächse blühen und gedeihen dagegen eigentlich nur im Winter, die Sommerhitze ist für sie zu groß und arten sie dann leicht aus, und selbst im Winter geben Kohl und Salat keine Köpfe, der Blumenkohl schießt nur in die Blätter und die Carotten bleiben klein und werden holzig, wenn der Winter nicht kalt ist. Pflanzen, die in Europa einjährig sind, werden perennirend, wie verschiedene Kohlarten, die deshalb auch auf andere Weise (durch Schößlinge) cultivirt werden müssen. Im Allgemeinen nimmt in Paraguay die Feuchtigkeit und mit ihr zugleich die Mannigfaltigkeit der Vegetation mit der Erhebung des Bodens ab. Beinahe das ganze Jahr hindurch trifft man Blumen an, doch nie so viele auf einmal, wie bei uns im Frühlinge. Auch ist die Vegetation nie ganz erstorben; zur Zeit der größten Sommerhitze sehen die Felder wohl ziemlich versengt aus, allein die häufigen Gewitterregen erfrischen sie bald wieder. Ebenso nehmen die Grasebenen, wenn des Winters sich einige Mal Reif einstellt, was jedoch selten geschieht, eine gelbe Färbung an, die übrigens auch im Herbste nie ganz fehlt, wenn die Halme der Gräser ab-

73*

dorten, die oft die Höhe von mehreren Fuß erreichen und unter welchen das Ge=
schlecht Stipa am häufigsten vorkommt. Die Ufer der Bäche und Flüsse erkennt man
von weitem an den Bäumen, welche dort wachsen, selbst in den Ebenen oder an den
Lomas. Diese Bäume bieten aber wenig Abwechselung dar.

Auch die Fauna Paraguay's hat wenig Eigenthümliches und Charakteristisches,
da sie sich einerseits an die der argentinischen Ebenen, andererseits an diejenige der
tropischen und subtropischen Provinzen Brasiliens anschließt, sie ist aber schon viel
reicher als die argentinische.

Von Affen kommen 3 Arten vor, unter welchen der Brüllaffe (Mycetes Caraya Desm.),
Caraya in der Guaranisprache, von den Indianern gern gegessen wird, ebenso wie der Mi-
rikina (Nyctipithecus trivirgatus Spix), dessen Fleisch aber nicht so wohlschmeckend seyn soll
und der nach Renggers sich bloß am rechten Ufer des R. Paraguay bis 25° S. Br. findet.
Zahlreich ist das Geschlecht der Fledermäuse vertreten, unter welchen mehrere Arten von Phyl-
lostoma (Vampyre), die besonders im nördlichen Theile des Landes eine Plage der Urbeißer
in den Perbales ausmachen, indem sie nämlich bei Nacht den schlafenden Saumthieren Wunden
beibringen und das Blut aussaugen, wogegen Rengger kein Beispiel kennt, daß sie auch Menschen aussaugen, außer demjenigen, was Azara von sich selbst anführt. Bei Guruguaty sind
diese Fledermäuse so häufig, daß die dort weidenden Pferde und Ochsen vom Blutverlust zuweilen kränklich werden. Von größeren Raubthieren findet sich auch hier der Jaguar (Felis Onça
L.), Juaguaretê, d. h. großer Hund, der Guaraniô, der sogenannte Tiger, und der Guguar
(F. concolor L.), Jaguapyta, d. h. rother Hund der Indianer. Der erstere kommt viel vor,
ist in Paraguay ein starkes, jedoch und gefährliches Raubthier und thut dort den Heerden
viel Schaden; der letztere, der viel weniger gefährlich ist und in Paraguay mitunter gezähmt
in den Häusern gehalten wird, soll beinahe ausgerottet seyn. Aus der Abtheilung der Na-
ger finden sich viele in den Wäldern und an den Flüssen und Ufern bieselben ein von den
Indianern sehr gesuchtes Wildpret. Unter ihnen finden sich 6 Arten von Beutelratten
(Didelphys) nach Azara, von denen Rengger aber nur 3 gesehen hat, und zwei von
Stachelratten (Echimys). Nicht häufig ist die Wasserratte oder der Quiya der Indianer,
von den Spaniern fälschlich Nutria (Fischotter) genannt (Myopotamus bonariensis Com-
mers.), die dem Biber ähnlich ist und paarweise die Ufer der Ströme und Flüsse, vorzüg-
lich an den Stellen der stillen Wasser bewohnt, und nicht häufiger ist der Cuiy, eine Art
Stachelschwein (Hystrix insidiosa Lichtenst.), der seinen Aufenthalt vorzüglich in hohen
Waldungen wählt. Eine Hasen= oder Kaninchenart (Lepus brasiliensis L.), der Tapiti der
Indianer, wird von diesem des Fleisches und Pelzes wegen gejagt. Sehr schmackhaft ist dagegen das Fleisch des Paca oder Pay (Coelogenys Paca F. Cuv.). Der Aguti oder Acuti
(Chloromys Acuti F. Cuv.) kommt durch ganz Paraguay vor, wo er vornehmlich in trocke-
nen und hochgelegenen Wäldern wohnt und wo sein Fleisch von den Indianern gern gegessen
wird. Der Capiygua, d. h. Bewohner des Gapiy, einer Sumpfpflanze, oder Capibara (Hy-
drochoerus Capybara Brxl.), das sogen. Wasserschwein (f. S. 971), bewohnt fast überall die
Ufer der Ströme, Seen und Sümpfe meist in Gesellschaften. Verbreitet ist auch ein Meer-
schweinchen, der Aperea (Cavia Aperea L.) in den Gebüschen der feuchten Gegenden. Die
Familie der Edentaten wird durch 6 Arten von Gürtelthieren, Tatu der Guaraniô (Dasypus
setosus P. de Wied; D. gymnurus Illig.; D. longicaudus P. de Wied; D. hybridus
Desm.; D. gigantaus Cuv.), welche den brasilianischen näher stehen, als den argentinischen
und durch zwei Ameisenbären vertreten, den Yurumi (Myrmecophaga jubata L.), und den
Caguaré (M. tetradactyla L.), beides sehr häßliche Thiere, deren Fell und Fleisch bloß von
den Indianern benutzt werden. — Von Wiederkäuern kommen 4 Hirscharten vor, der Guazú-
pucu (Cervus paludosus Desm.), der sich häufig im Sumpflande und am Paraguay aufhält,
unserem Edelhirsche ähnlich ist, dessen Fleisch jedoch, selbst ordentlich zubereitet, einen unange-
nehmen Geschmack hat und das nur von den Indianern des Paraguay=y, d. h. kleiner
Hirsch (C. campestris F. Cuv., (. S. 971), der in Paraguay auf den offenen und trockenen
Feldern der wenig bevölkerten Gegenden vorkommt und dessen Fleisch bei jungen Thieren einen
angenehmen Geschmack hat, während dasjenige der alten Weibchen etwas eklig und der alten ein
Jahr alten Männchen nach der Ausrüstung des Thieres riecht, so daß es ganz ungenießbar
wird; der Guazú-pyta, d. h. rother Hirsch (C. rufus Illig.), unserem Rehe ähnlich, der in
Paraguay die von dichtem Gesträuche durchzogenen Waldungen bewohnt und dessen Fleisch schmackhaft ist, vorzüglich bei jungen Thieren, und der Guazú-vira (C. simplicicornis Illig.), der
kleinste der paraguayischen Hirsche, unserem Rehe ähnlich, aber zierlicher, die der vorige lebend
und von quitschendem Fleische. — Viel verbreiteter als in den argentinischen Provinzen kommen Dickhäuter vor. In allen Waldungen Paraguay's finden sich sowohl der Bekari, hier
Taytetú genannt (Dicotyles torquatus F. Cuv.), so wie ein anderes noch etwas größeres Na-
belschwein, der Tagnicati (D. labiatus F. Cuv.), unserem Wildschwein ähnlich, welches in
Rudeln von 10 bis 100 Individuen lebt, die täglich ihren Aufenthaltsort ändern und zuweilen

sogar große Wanderungen durch Ebenen und über Flüsse machen, wobei sie auch in den Pflanzungen manchmal großen Schaden anrichten. Der junge Tapicati läßt sich leicht zähmen und soll sich auch in der Gefangenschaft fortpflanzen. Selbe Arten werden mit Hunden viel gejagt, da ihr Fell zu Riemen und Säcken benutzt und ihr Fleisch von den untern Classen der Bewohner allgemein gegessen wird. Der Tapir, Mborevi der Guaranis (Tapirus americanus Desm.), ist nicht so häufig, kommt aber doch nicht ganz selten in feuchten Wäldern vor, besonders auf den mit Salz geschwängerten Stellen (Barreros). Er wird ebenfalls seines sehr wohlschmeckenden Fleisches wegen oft gejagt und wird auch sein Fell geschätzt.

Die Vögel sind zahlreich und darunter viel mehr von schönem Gefieder als in der Argentin. Republik. Von den 448 Species, welche Azara aus den La Platas ländern beschrieben hat, gehört der größte Theil Paraguay an, fast alle kommen aber auch wieder in dem benachbarten Brasilien oder in der Argentinischen Republik vor, so daß eigenthümliche Vögel selten sind. Die Raubvögel Paraguay's gehören mehrentheils den unedlen an, d. h. solchen, die vom Aas leben und nur einen geringen Theil ihrer Nahrung selbst erjagen. In Gegenden, wo sich viele Thiere finden und namentlich in der Nähe der Städte, sind sie ungemein häufig, in den Einöden jedoch fast nie zu finden. Klettervögel sind zahlreicher und von schönerem Gefieder als in den Argentinischen Provinzen, darunter die Tucans (Ramphasios I.) mit riesigem Schnabel, schöne Aras, Araracas der Guaranis, und viele Papagaien, unter welchen die Viduita (Bolborhynchus monachus) die merkwürdigste Art ist, weil sie ihr Nest im Gegensatz zu allen übrigen Papagaien, die durchaus Höhlenbrüter sind, frei auf Bäumen anbringt. Auch Kolibris sind mehr verbreitet als weiter südlich. — Unter den zahlreichen hühnerartigen Vögeln giebt es mehrere, die ihres Fleisches wegen geschätzt werden, wie der Yacu, von den Creolen Pavon del monte (Penelope cristata) genannt, der schöne Mitua (Crax galeata), wie der vorige unserm Truthahnern ähnlich, und verschiedner Art. Rebhühner (s. S. 973). Auch der Strauß (Ñandu) kommt noch in Paraguay vor, doch viel seltener als weiter südlich. Wasser- und Sumpfvögel sind sehr zahlreich, unter den erstern besonders Enten, von denen der Palo real (Calrina moschata Darm.), der Ipe genannt der Indianer, die von den Bäumen nistet, die größte und eine der gewöhnlichsten ist, auch gern gegessen wird, obgleich ihr Fleisch demjenigen der kleineren Arten, besonders dem des Ipe cutivi, nicht gleichkommt. — Unter den Stelzvögeln ist der Sania (Cariama oder Microdactylus dicholophus), etwas größer als unser Reiher, mit starkem, sehr gekrümmtem, jausenbreiten Schnabel und gleichfarbigen Beinen, der am Saume der Waldungen und auch in den Niederungen am R. Paraguay, aber nur wenn viele Sümpfe trocken sind, lebt, der merkwürdigste. — Unter den Singvögeln ist der Pajaro campana (Procnias ventralis s. nudicollis) berühmt, der in den Wäldern im Innern vorkommt und dessen Stimme im einsamen Walde wie ein kleines Glöckchen tönt.

Amphibien sind zahlreich, der im Paraná selten vorkommende Alligator (A. sclerops). Jacaré der Guaranis, ist sehr häufig in dem R. Paraguay und in den Lagunen, aber ungefährlich. Obra so wenig hat man von den großen Wasserschlangen zu fürchten, die im Paraguay sehr zahlreich sind und zuweilen auf die Schiffe kommen, um Hühner zu stehlen. Unter den Schlangen giebt es jedoch auch Giftschlangen aus den Gattungen Crotalus, Bothrops, Lachesis, Cophias, Elaps u. f. w., deren Biß oft tödtlich ist. In den Wäldern kommt eine Boa vor, Boyaguá, von boi Schlange und jaguara Hund, von den Indianern genannt, weil sie wie ein Hund bellen soll, die bis 45 F. lang wird, in deren Magen ganze Hirsche mit zertrocknern Knochen gefunden worden, der aber Menschen fast immer entwischen; auch ist sie nicht häufig.

Fische kommen nur vor, die des R. Paraguay sind jedoch nur von mittelmäßiger Qualität, nur ein Pacu (Characinus) soll vortrefflich seyn. Besser sind die Fische des obern Paraná.

Insecten sind viel zahlreicher als in der Argentinischen Republik, besonders die Schmetterlinge, worunter viele durch Größe und Farben sich auszeichnen. Unter den zahlreichen Käfern kommt auch hier der schön leuchtende Tuco-tuco vor (s. S. 974). Wilde Bienen sind zahlreich und wird viel Honig und Wachs gesammelt. Von den 5 Arten, welche Rengger kennen gelernt, ist nur eine, die Leohiguana, welche den Honig zu den Gespten führt, mit einem Stachel versehen. Drei von diesen Arten werden auch als zahm Bienen gehalten. Eine fleißige Art, Yatäl genannt, erzeugt ein sehr harzreiches, wohlriechendes Wachs, welches auch gesammelt, bis jetzt aber nur zum Parfüm und als Arznei im Lande gebraucht wird.

Paraguay hat auch viele schädliche und dem Menschen lästige Insecten, wenn es im Verhältniß zu den benachbarten ganz tropischen Ländern darin auch noch ziemlich günstig gestellt ist. Unter den erstern sind die schlimmsten mehrere Ameisen- und Termitenarten, unter denen der Isaú, wahrscheinlich eine Atta, der cephalotes ähnlich, Nester in der Erde baut, die manchmal über 20 F. im Durchmesser haben, in welche zuweilen Pferde, wenn sie nach anhaltendem Regenwetter vorüber hingehen, so tief einsinken, daß bloß der Kopf des Thieres über die Erde hervorragt, und welche in Gegenden, wo sie in großer Anzahl vorkommen, den Ackerbau fast unmöglich machen, weil die Bewohner einiger Nester in einer einzigen Nacht ganze Pflanzungen von Mandioca, Reis, Bataten, Melonen u. s. w. zu Grunde richten können, indem sie die Gewächse größtentheils ihrer Blätter berauben, so daß dieselben absterben. Fast eben so verheerend wirkt eine andere Art, welche mit der Formica bispinosa von Cayenne die größte Aehnlichkeit hat. Eine dritte Art, Tajy-poti genannt, d. h. Dreck-Ameise, welche, da Azara sie gar nicht erwähnt, wahrscheinlich erst in neuerer Zeit eingewandert oder wenigstens in die Häuser eingedrungen ist, in welchen sie sich zu Rengger's Zeit immer mehr verbreitete, richtet dadurch großen Schaden an, daß sie jeder Eßwaare, die sie berührt, einen ganz abscheulichen Geruch mittheilt und dieselbe ungenießbar macht. Im Ganzen giebt es an 30 Ameisenarten in Paraguay und von den Termiten (Cupii in der Guaranisprache) ist Paraguay in einigen Gegenden das eigentlich überschwemmt und sügen sie dort den Menschen dadurch keinen geringen Schaden zu, daß eine Art von ihnen (die Termes americana) große Felder mit ihren Tucurus (von denselben gebauten Gewölben) bedeckt, wodurch nicht nur die Menge des Grases bedeutend vermindert wird, sondern auch nach wenigen Jahren an Stelle des Grases eine neue Vegetation meist aus Pflanzen mit holzigem Stengel und aus kleinen Gesträuchen bestehend erscheint, welche für Rindvieh und Pferde nicht als Nahrung taugen. Eine andere Art von Termiten wird dadurch schädlich, daß sie ihr Nest in hartem Holze und auch in den Balken der Wohnungen baut und dieselben so zerstört, daß sie zusammenbrechen. — Große Verwüstungen richtet auch in Paraguay die Wanderheuschrecke an (s. S. 975), doch soll diese Landplage hier in der Regel nur alle 7 Jahre wiederkehren. — Sehr unangenehm sind die vielen Kaferlaten oder Baretten (Blatta americana), die Wanzen, unter denen sich auch die große Vinchuca (s. S. 974) findet, und mehrere Arten von Mosquitos, von denen aber die unangenehmste, die Viuda, nur im Norden in den Sumpfgegenden vorkommt. Auch der unangenehme Sandfloh (Pulex penetrans) fehlt nicht und eben so wenig wie überall im spanischen Amerika der gemeine, aus Europa mitgebrachte Floh in Menge in den meisten Häusern. Schädlicher als diese ist die Garrapata, in Brasilien Carrapato (Acarus Ixodes Lat., Ixodes americanus Geer.), eine Zeckenart, welche erst neuerdings aus Brasilien eingeführt seyn soll und welche sich an Hunde, Pferde und vorzüglich an das Rindvieh heftet, und eine Masse Thiere unter die Haut legt und wenn sie zahlreich auftreten, wie das unter Francia geschehen, ganze Herden zu Grunde richten können. Von anderen Arachniden kommen verschiedene Spinnen, mehrere von sehr bedeutender Größe, vor und auch ein kleiner Skorpion.

Bevölkerung. — Die Einwohnerzahl Paraguay's wurde bis in die letzte Zeit sehr verschieden angegeben, da es zur Berechnung derselben nur eine etwas sichere Angabe der Volkszahl aus dem Ende des vorigen Jahrhunderts gab. Nach Azara nämlich betrug dieselbe nach einem officiellen Census i. J. 1795 97,480 Seelen incl. 10,979 Indianer in den 11 Missionen am Paraguay. Je nachdem man nun die Wirkung der politischen Isolirung Paraguay's seit der Dictatur Francia's für die Prosperität der Bevölkerung als günstig oder ungünstig ansah, berechnete man die Bewegung der Bevölkerung sehr verschieden und nehmen darnach für die Gegenwart einige Schriftsteller die Zahl von mehr als einer Million an, während dagegen u. a. der sonst sehr competente Verfasser des ausgezeichnetsten Werkes über die Argentinische Republik, Martin de Moussy, nach den Eindrücken, welche er bei einem mehrmonatlichen Aufenthalt in Paraguay über die Sterblichkeit daselbst erfahren hatte, die Bevölkerung der Republik auf höchstens 400,000 Seelen schätzen zu können glaubte. Dagegen führt Demersay mehrere Daten an, aus denen mit Wahrscheinlichkeit hervorgeht, daß für das Jahr 1860 die Zahl von 600,000 anzunehmen sey. Darnach hätte sich die Bevölkerung seit dem Anfange dieses Jahrhunderts in 60 Jahren versechsfacht, was eine ganz ausnahmsweise rasche Zunahme einer Bevölkerung zeigen würde, die nur durch natürlichen Zuwachs, nicht durch Zufluß von Außen zunehmen konnte. Um so mehr mußte man erstaunen, daß nach einer officiellen Mittheilung der Regierung ein Census i. J. 1857 eine Volkszahl von 1,337,439 Seelen ergeben habe. Entweder diese Zahl oder die für 1795 angegebene muß nothwendigerweise sehr weit von der Wahrheit entfernt seyn. Denn selbst die höchste mittlere jährliche Zunahmerate, welche eine größere Bevölkerung auf die Dauer durch natürlichen Zuwachs, d. h. durch den Ueberschuß der Geborenen über die Gestorbenen ohne Zufluß durch Einwanderung, erreichen kann und welche selbst die Ver. Staaten von Nord-Amerika in der Periode ihrer schnellsten natürlichen Volkszunahme, nämlich von 1790—1800, nicht völlig erreicht haben (vergl. m. Allgem. Bevölkerungsstatistik I. S. 93 u. S. 123), nämlich 3 % angenommen, würden die 97,480 Ew. vom Jahre 1795 bis zum J. 1857 sich doch nur auf etwa 600,000 Seelen vermehrt haben können. Da nun aber nach glaubwürdigen Versicherungen die Zählung von 1857 mit aller möglichen Genauigkeit in jedem District, an einem und demselben Tage durch die Behörden des Districts ausgeführt worden, so wird man dieser Zählung wohl mindestens eben so viel Glauben schenken müssen, als der von Azara angeführten, obgleich diese auch wohl den Eindruck der Zuverlässigkeit macht und die spanische Regierung überhaupt über die statistischen Verhältnisse ihrer amerikanischen Colonien ziemlich genau unterrichtet zu seyn pflegte. Auch ist zu bemerken, daß in einer officiellen brasilianischen Denkschrift über die Vertheidigung der angrenzenden Provinz Mato Grosso aus dem J. 1800 die Bevölkerung von Paraguay schon zu 130,000 Seelen angegeben wird. Mit Bestimmtheit aber die Zahl von 1,337,439 Seelen für das J. 1857 als richtig anzunehmen, könnte man sich doch erst entschließen, wenn man auf Grund der Publication der Zählung in ihren Details dieselbe einer Kritik unterwerfen könnte, was nach den darüber allein bekannt gewordenen summarischen Zusammenstellungen nicht möglich ist. Für die verhältnißmäßig starke Bevölkerung in Paraguay spricht allerdings, daß der Präsident, wie es sicher scheint, im Anfang des gegenwärtigen Krieges gegen Brasilien eine Armee von 50,000 Mann aufstellen und diese Armee bis jetzt etwa auf diesem Bestande erhalten konnte.

Die Bevölkerung ist sehr ungleich über das Gebiet vertheilt. Der mittlere Theil des Gebietes, namentlich der zwischen Asuncion und Villa Rica, so wie ein Theil der ehemaligen Missionen ist dichter bevölkert als die am besten bevölkerten Provinzen der meisten südamerikanischen Republiken, dagegen ist der östliche Theil des Landes eine Einöde, mit Wald bedeckt und nur von wenigen Horden wilder Indianer bewohnt, und dasselbe ist der Fall im N. in dem mit Brasilien streitigen Gebiete.

Auch in Paraguay besteht, wie in allen südamerikanischen Staaten, die Bevölkerung aus dreierlei Racen, Weißen, Indianern, Negern und aus deren Mischlingern; Paraguay zeigt in dieser Beziehung aber eigenthümliche Verhältnisse. Erstens ist die Zahl der Neger und ihrer Mischlinge eine so geringe, daß das Element der äthiopischen Race für die Gesammtbevölkerung gar nicht in Betracht kommt. Dagegen ist bei derselben das indianische Blut von größter Michtigkeit auf den allgemeinen Racencharakter der Bevölkerung, indem dieselbe größtentheils aus den Nachkommen der Eroberer und der ersten spanischen Ansiedler mit indianischen Frauen und aus Indianern unvermischten Blutes besteht. Die Zahl der Weißen ungemischten Blutes war immer sehr gering und hat seit Francia's Zeiten, der viele der damaligen spanischen Familien exilirte oder zur Auswanderung veranlaßte, noch abgenommen, und was man im Lande als Weiße (Hijos del pais, d. h. Landessöhne) betrachtet, hat fast ohne Ausnahme eine größere oder geringere Beimischung indianischen Blutes in seinen Adern. Allein schon zu Azara's Zeit hatte sich in dieser Bevölkerung eine für einen südamerikanischen Staat ausnahmsweis große Ausgeglichenheit des Racencharakters herausgebildet, in welchem der kaukasische Typus ganz überwiegend vorherrsche und gegenwärtig soll bei dieser Bevölkerung fast jede Spur des indianischen Blutes verschwunden seyn, obgleich ohne Zweifel seit der Vertreibung der Jesuiten, nach welcher ein nicht geringer Theil der bis dahin in ihren Missionen zusammengehaltenen reinen Indianer sich über das Land verbreitete, der Gesammtbevölkerung viel mehr Elemente der indianischen als der kaukasischen Race zugeführt worden sind, da die Einwanderung aus Europa gleichzeitig sehr unbedeutend war und seit der Revolution fast ganz aufgehört hat. Daß dessenungeachtet die überwiegende Mehrzahl der einheimischen Bevölkerung als weiß angesehen werden kann, rührt von der in Südamerika überall beobachteten überwiegenden Vererbungskraft des kaukasischen Typus bei den Mischlingern von Weißen und Indianern her.

Diese Weißen machen nach Demersay gegenwärtig ⅗ der Gesammtbevölkerung aus. Ein Fünftel derselben besteht aus christianisirten Indianern unvermischten Blutes und der Rest aus Mestizen und Farbigen, d. h. aus solchen Mischlingen von Weißen und Indianern, bei denen der indianische Typus noch mehr oder weniger vorherrscht, und aus Mischlingen mit afrikanischem Blut.

Die Race der einheimischen Weißen ist durchgängig groß und wohlgebildet. Die indianische Beimischung zeigt sich aber noch in dem mehr breiten Gesicht mit starken

Backenknochen und dem sehr glänzend=schwarzen, schlicht herabfallenden Haar. Nach einigen Berichterstattern soll unter denselben nicht allein der kaukasische Typus über= haupt, sondern speciell ein germanischer Zug sich zeigen und wird dies auf deutsche Colonisten (Sachsen und Schwaben) zurückgeführt, welche 1535 zur Gründung von Buenos Aires mit Don Pedro de Mendoza nach dem Rio de la Plata kamen und, von dort verdrängt, zum Theil sich in Paraguay niederließen. Die civilisirten India= ner Paraguay's gehören fast alle der Guarani=Race an, welche zur Zeit der Ero= berung nicht allein die überwiegende Bevölkerung in Paraguay bildete, sondern auch über den größten Theil von Brasilien und Guayana verbreitet war und deren Sprache (das Guarani oder Tupi), in Brasilien die Lingua geral (die allgemeine Sprache) genannt, noch von den meisten Indianern aller dieser Länder in verschiedenen Dialecten gesprochen wird und in Paraguay wie auch in den benachbarten argentinischen Provin= zen jenseits des Paraná noch jetzt die allgemeine Volkssprache ist. Selbst nach den Antillen verbreitete sich diese große Völkerschaft der Guaranis (d. h. Kriegsleute) und sind die dort von Columbus vorgefundenen und von den Bewohnern der neuentdeck= ten Inseln so sehr gefürchteten Caraiben (die sich selbst Carini nannten) wahrscheinlich Guaranis gewesen. Den Guaranis hatten die Spanier auch wesentlich den bleibenden Besitz des Landes zu verdanken, indem sie ihnen treue Bundesgenossen in ihren Käm= pfen gegen die übrigen viel mehr kriegerischen Völkerschaften waren.

Die Guaranis in Paraguay sind nach Rengger von kleiner Statur und messen ge= wöhnlich nur 4³/₄, selten 5 Fuß. Der Kopf ist kleis, aber breit, der Hals kurz, die Schultern, die Brust und das Becken sind breit, die Arme und Beine im Verhältniß zum Rumpfe kurz, dabei aber dick, die Hände und Füße gleichfalls kurz, aber breit. Das Gesicht des Guarani nähert sich mehr der kreisrunden als der ovalen Form, die Gesichtszüge sind derb und grob ausgedrückt. Die Stirn ist niedrig und schmal, die Backenknochen sind groß und hervor= ragend. Die Nase erhebt sich beinahe so stark wie bei den Europäern über die Gesichtsfläche, am Ende ist sie aber breit und stumpf. Die Ohren sind gewöhnlich klein und liegen am Kopfe an. Die Augen liegen tief; die Oeffnung der Augenlider ist gewöhnlich klein und läuft zuwei= len etwas schief von außen und oben nach innen und unten, wie bei der mongolischen Race, mit welcher die Guaranis überhaupt Aehnlichkeit haben. — Das weibliche Geschlecht hat außer einer noch kleineren Statur und runderen Formen beinahe den nämlichen Körperbau und die nämlichen Gesichtszüge wie das männliche, nur sind die Schultern nicht ganz so breit, das Becken dagegen weiter. Das Haupthaar ist bei beiden Geschlechtern schlicht, an dem Kopfe anliegend und etwas steif, jedoch ohne grob oder rauh zu seyn. Der Bart der Männer zeigt sich bloß um den Mund herum und am Kinn, nie aber weiter nach hinten an den Backen und stehen die Haare überhaupt sehr dünn. Die Hautfarbe der Guarani's ist licht=gelblich=braun, nur äußerst wenig, und gewöhnlich bloß bei älteren Individuen, in's Kupferrothe spielend. Weder bei den Männern noch bei den Weibern bemerkt man je einige Röthe auf den Wangen; im heftigen Zorn oder bei starker körperlicher Anstrengung erhält jedoch ihr Gesicht eine etwas höhere Farbe, so wie man sie bei plötzlichem Schrecken und im Augenblicke des Todes etwas erblassen sieht. Die Haare des ganzen Körpers sind schwarz oder schwärzlich braun und glän= zend. Sie ergrauen sehr spät und werden nie so weiß wie bei den Europäern. Die Augen haben die nämliche Farbe wie das Haar und zeichnen sich durch ihren Glanz aus. Die Zähne sind durchgehends klein, schön aneinander gereiht und weiß. Sie fallen gewöhnlich nicht aus, sondern bleiben bis ins hohe Alter gesund. Die civilisirten Indianer Paraguay's gehören fast ausschließlich dieser Völkerschaft an und wohnen bleichem großentheils noch zusammen in dem Gebiete der Missionen in eigenen Dörfern, den von den Jesuiten gegründeten Reductionen. — Einen schöneren Menschenschlag als die eben beschriebenen Guaranis bilden die Payaguás=In= dianer, welche die Spanier ebenfalls in Paraguay antrafen, die aber nach d'Orbigny dem Zweige der Pampas=Indianer angehören. Die Männer sind von mittlerer Größe oder darüber, 5 Fuß 2 Zoll bis 5½ Zoll hoch und von schlanker Statur. Die Gesichtszüge haben im All= gemeinen Aehnlichkeit mit denen der Guaranis, jedoch sind bei den Payaguás die Backenknochen und das Kinn nicht so breit, was dem Gesichte eine mehr länglichte Gestalt giebt. Die Weiber sind im Allgemeinen klein, in der Jugend schlank, mit dem Alter aber werden sie dick. Vor den guaranischen Weibern zeichnen sie sich, wie überhaupt von allen Indianerinnen Paraguay's durch ihre sehr kleinen und zierlich gebauten Hände und Füße aus. Die Payaguás bildeten eine starke und mächtige Nation und machten den Spaniern ihre Unterwerfung sehr schwer. Die beiden Tribus, welche sich zuletzt den Spaniern unterwarfen, die Tacumbús und Sariguès, welche mit einander vereinigt wurden, wohnen noch, jedoch wenig zahlreich, in der Umge= gend der Hauptstadt am Paraguay, und leben vornehmlich vom Fischfang. Auch beschäftigen sie sich mit Holzfällen und bringen den Weißen Fische, Holz und Brehhalter, halten sich aber sonst ganz abgesondert und haben auch nie ganz zum Christenthume bekehrt werden können. Die in die neueste Zeit verkehrten sie viel mit den Chaco-Indianern und ist es erst unter der Regierung des Präsidenten Carlos Roi. Lopez erreicht, sie an den Ufern des R. Guenabi zu fixiren und sie dadurch mehr zu einem seligen Leben und Anbau des Bodens zu bewegen. Sie sind die besten Schiffer und bringen den größten Theil ihres Erwerbs in Nachen auf dem Wasser zu, weshalb ihre Beine auch im Verhältniß zu ihren starken und muskulösen Armen dünn zu sein pflegen, weil sie fast fortwährend blos die oberen Extremitäten bewegen und anstrengen. Ihre Todten begraben sie noch jetzt immer auf einer Insel des Paraguay. Die übrigen Tribus dieser Völkerschaft, welche nördlich von Asuncion wohnten, sind nach und nach ausgestorben.

Die wilden oder unabhängigen Indianer in Paraguay gehören theils den Guaranis an, theils solchen Völkerschaften, welche aus dem Gran Chaco über den Paraguay herüber gekommen sind. Die unabhängigen Guaranis bewohnen die Wälder im Osten bis zum Parana und gehören größtentheils dem Stamme der Cayguas (Caayguas) an. Sie sind friedlicher Natur und verkehren mit den Weißen, namentlich in den Yerbales, in welchen sie auch als Arbeiter benutzt werden jedoch indolent zu sein pflegen. Sie leben von der Jagd, doch giebt es am Parana auch eine kleine Horden, wie die Pirapytay's, die etwas Ackerbau treiben. Yerba sammeln und bei denen sich auch ein Rest des christlichen Cultus erhalten hat, der ihnen durch Flüchtlinge aus den zerstörten Missionen gebracht worden. Weiter nördlich in den Umgebungen der großen Fälle des Parana, wo früher Missionen von Guaranis bestanden, scheinen jetzt gemischte Völkerschaften zu wohnen, wenigstens verstanden die dort auf der letzten Expedition (s. S. 1147) gefundenen Guayra-Indianer die gewöhnliche Guarani-Sprache fast gar nicht und zeigt das von ihnen gesammelte Vokabular eine Vermischung von Wörtern verschiedener Sprachen. Die Zahl der unabhängigen Guaranis ist in Paraguay jetzt nur gering und sind sie wahrscheinlich vornehmlich vermindert durch die nördlicher wohnenden Indianer, die von ihnen sehr gefürchtet werden. Diese nördlichen Indianer sind zum Theil erst um die Mitte des 17. Jahrhunderts aus dem Gran Chaco herübergekommen, wie die Mbayas und die ihnen nahe verwandten Guanas, welche dem Zweige der Pampas-Indianer angehören und welche damals auf dem östlichen Ufer des Paraguay alle spanischen Ansiedlungen im N. des R. Jejuy zerstörten, später weiter gegen N. zurückgedrängt wurden und nun vornehmlich das zwischen Brasilien und Paraguay streitige Gebiet zwischen dem R. Apa und R. Blanco und das Hochland im O. desselben bewohnen, von wo aus sie noch in diesem Jahrhundert verheerende Streifzüge bis nach der Villa von Concepcion ausgeführt haben, bis Francia durch Anlage von Militärposten an R. Apa die Grenze sicherte. Sie stehen noch in Verkehr mit den im Gran Chaco zurückgebliebenen Stammverwandten und verbünden sich mit denselben gern zu Raubzügen, gegen welche Paraguay den ganzen Fluß entlang Militärposten (Guardias) halten muß. Ein Theil von ihnen hat Bogen und Pfeile mit Arsenwaffen vertauscht, welche sie mit der zugehörigen Munition von den Brasilianern in Mato Grosso einlauschen. Die Mbayas machen nach Rengger die schönste der libianischen Nationen in Paraguay aus. Die Größe der Männer beträgt durchgehends 5 F. 5 Zoll bis 5 F. 6½ Z. und dabei ist der Körper wie bei mehreren Chaco-Indianern, mit Ausnahme des Kopfes, so regelmäßig und kräftig gebaut, daß er als Modell für einen Herkules dienen könnte. Der Kopf dagegen ist im Verhältniß zum Rumpfe etwas zu klein und die Geschichtszüge sind denen der Guaranis ähnlich, nur daß das Gesicht weniger flach erscheint und eine mehr ovale Gestalt hat.

Außer von den Mbayas und den Guanas wird der von Paraguay in Anspruch genommene Theil des Gran Chaco noch von einer größeren Anzahl schöner, sehr kräftiger Indianer der wohnt, unter welchen die Lenguas, die Augaltes und die Todas schon seit der spanischen Zeit durch ihre Tapferkeit bekannt sind. Sie besitzen zum Theil Rindvieh, Schaafe und Pferde, wenden aber nur den letzteren Aufmerksamkeit zu, da diese für ihre Existenz nothwendig geworden sind. Als kühne Reiter durchstreifen sie das ganze Gebiet des Gran Chaco und ziehen den unsicheren Erwerb durch Jagd und Raub den Beschäftigungen mit der Viehzucht und dem Ackerbau vor, für welche der vielfach sehr fruchtbare Boden des Chaco und seine wegen des nirgends fehlenden Salzbodens (Salinas) für die Viehzucht so vorzüglich geeigneten Westländer reim die günstigsten Bedingungen darbieten.

Staats-Cultur. I. Materielle Thätigkeit. Das Hauptgewerbe der Bevölkerung bildet die Landwirthschaft und zwar der Ackerbau. Als Nahrungsgewächse werden allgemein gebaut die Mandiocca und der Mais. Erstere bildet das Hauptnahrungsmittel des größeren Theils der Bevölkerung, theils in der Art, wie bei uns die Kartoffeln dazu dienen, theils getrocknet und geraspelt, als Farinha, oder zu Mehl bereitet (Almidon do M.), welches vielfach das Waizenmehl ersetzt. Der Reisbau, der wichtig werden könnte, ist sehr beschränkt und findet nur zum eigenen Consum vornehmlich in den den Ueberschwemmungen ausgesetzten Ebenen in der Umgegend der Hauptstadt statt. Waizen wird noch weniger gebaut, da ihm das Klima nicht mehr zusagt und wird das wenige im Lande gebrauchte Waizenmehl bisher vornehmlich aus den Vereinigten Staaten von N.-A. eingeführt. Zuckerrohr wird nur in unbedeutender Menge kultivirt, obgleich das Land dazu wohl geeignet ist und Zucker zur Ausfuhr produciren könnte, während gegenwärtig derselbe einen ziemlich bedeutenden Einfuhrartikel bildet. Baumwolle, von der mehrere Varietäten einheimisch sind, wurde zur spanischen Zeit ziemlich viel producirt, namentlich in den Missionen, und unter Francia nahm der Baumwollenbau bedeutend zu, da bei der Absperrung des Landes die Einwohner zum Anbau derselben behufs der Anfertigung ihrer nothwendigen Kleidungsstoffe gezwungen waren. Nach Eröffnung des Landes für den auswärtigen Handel haben aber englische und nordamerikanische Baumwollenwaaren die einheimischen ganz verdrängt und hat damit auch der Baumwollenbau fast ganz aufgehört. Erst während des Bürgerkrieges in Nord-Amerika haben einige Grundbesitzer sich wieder auf den Bau der Baumwolle gelegt und auch Baumwolle in kleinen Quantitäten nach Europa exportirt, welche in Frankreich einen guten Markt zu guten Preisen fand und obgleich ihre Verpackung mangelhaft war, der Baumwolle von Unter-Louisiana fast gleich classificirt wurde. Im Jahre 1863 ließ die Regierung Baumwollensamen hinreichend zur Bepflanzung von 15,000 Acres kommen und an Private abgeben. Tabak, welcher ebenfalls einheimisch ist, wurde zur spanischen Zeit viel gebaut, indem die Regierung Paraguay vornehmlich zum Tabacksbau bestimmte und aus demselben, als ihrem Monopol, eine Hauptfinanzquelle machte. Es wurden dafür auch Samen und Arbeiter aus Cuba eingeführt und wird auch jetzt, nachdem die Regierung vorübergehend den Anbau brasilianischen Tabacks gefördert hatte, wieder vornehmlich cubaischer gebaut. Der Tabak von Paraguay ist vortrefflich und liefert auch einen bedeutenden Ausfuhrartikel des Landes, obgleich der innere Consum ganz enorm ist, weil die ganze Bevölkerung, auch Weiber und Kinder, raucht. Vorzüglich geeignet zum Tabacksbau ist der wahrscheinlich der Pampasformation angehörige rothe Boden, der von Corrientes her sich durch die Missionen bis in den District von Villa Rica ausdehnt. Sonstige Handelsgewächse werden jetzt gar nicht gebaut, namentlich auch nicht der Indigo, von dem mehrere Varietäten einheimisch sind, die ein vortreffliches Product liefern.

Nach einer amtlichen Ermittelung waren in der Republik i. J. 1863 26,341,067 Liñoñ (etwa 600.000 preuß. Morgen) in Cultur für Mais, Mandiocca, Tabak, Baumwolle, Zuckerrohr, Reis u. f. w. (Die Bodenproducte werden nach Reihen oder Liños zu 250 Fuß besteuert. Der Tabak und die Baumwolle werden in Reihen von 3 F. Abstand von einander gepflanzt, die Mandiocca und der Mais in 1 F. Abstand und darnach kann man als Areal für einen bebauten Liño im Durchschnitt 500 □.-F. oder etwa 3 1/3 □.-Ruthen annehmen.) Sehr einträglich soll der Bau des Tabacks seyn, von dem man jährlich drei Ernoten erhält. Man rechnet den Ertrag von 80 Pflanzen pr. Liño zu 25 bis 35 Pfund und die Erzeugungskosten dafür zu 4 bis 4 1/2 Francs, wobei der Pflanzer, den mittleren Preis für 25 Z zu 8 Fr. 25 C. angenommen, einen Gewinn von 4 Fr. 30 C. bis 7 Fr. 55 C. per Liño hat, was auf den mit Tabak bepflanzten preuß. Morgen einen Reinertrag von 130 bis 260 Fr. geben würde.

Der Ackerbau stand in Paraguay immer auf einer sehr niedrigen Stufe der Entwicklung und hat auch technisch in neuerer Zeit sehr wenig Fortschritte gemacht, obgleich der Anbau von Nahrungsstoffen unter Francia bedeutend zugenommen hat, indem er das Land zwang, für die wachsende Bevölkerung die erforderlichen Nahrungsmittel selbst zu erzeugen, und überhaupt dem Ackerbau einen Impuls zu geben suchte, der aber durch die, durch sein Absperrungssystem verursachte Vertheuerung der Geräthschaften zur Bestellung wieder sehr beeinträchtigt wurde. Obgleich der Boden in dem dichter bewohnten Theile von Paraguay durchgängig sehr fruchtbar ist und in günstigen Jahren außerordentlich große Erträge gewährt, so sind doch die Ernoten daselbst wegen der Unregelmäßigkeit der Temperatur und besonders der atmosphärischen Niederschläge wenig sicher. Ein bedeutender Aufschwung des Ackerbaues wird deshalb wahrscheinlich erst eintreten, wenn man zur künstlichen Bewässerung übergeht, welche dort vielfach sehr leicht einzurichten seyn würde, bis jetzt aber noch gar nicht angewendet wird. Ueberhaupt ist der technische Betrieb höchst mangelhaft und hat derselbe, obgleich die Regierung die Einführung vollkommener Ackergeräthe zu beför-

dern sucht, auch noch wenig oder gar keine Fortschritte gemacht, da es an der Ein-
wanderung fehlt, welche die Bevölkerung in dem Gebrauche derselben einüben könnte.
Düngung der Ackerfelder findet noch fast gar nicht statt. Die Pflanzungen sind in
dem besten Theile des Landes meist auf altem Waldboden angelegt und gewöhnlich an
den Abfällen der Hügel (Lomas) am Saume des Waldes. In den grasbedeckten
Ebenen sind die bebauten Stellen selten. Die fette Dammerde des Waldes mit der
Asche des verbrannten Holzes vermengt giebt einen äußerst fruchtbaren Boden ab.
Wenn seine Ergiebigkeit nachläßt, so legt man einen neuen Schlag (Rosado) an und
läßt den erschöpften Boden so lange brach liegen, bis er wieder seine Fruchtbarkeit
erhält. Auch hat der Ackerbau in Paraguay schlimme Feinde an den so sehr verbrei-
teten Termiten, so wie an den Wanderheuschrecken. Endlich steht einem Aufschwunge
des Ackerbaues auch der Umstand entgegen, daß es wenig zum günstigen Betriebe
desselben ihrer Ausdehnung nach passende Güter giebt und keine Capitalien zur Verbesserung des Betriebes auf denselben. Ueber die Hälfte des Bodens ist Staats-Ei-
genthum und ist ein großer Theil der großen Gutsbesitzer, namentlich im südöstlichen
Theile des Landes nur Erbpächter, die dem Staate eine jährliche, allerdings sehr mäßige
Rente und den Zehnten von den geernteten Früchten zu zahlen haben. Zwar verkauft
der Staat jetzt auch öffentliche Ländereien und zwar die O.-Legua (1,743 Hektaren)
Weideland zur Viehzucht zu dem Preise von 1,800 Pesos und die O.-Legua Ackerland
zu 6,000 Pesos, was nicht ganz 15 Fr. pr. Hektare ausmacht, doch fehlt es unter den
Privaten im Lande zu solchem Ankauf meist an Capital und von dem Grundeigenthum
der Privaten ist bei der unbeschränkten Theilbarkeit desselben bei der Vererbung ein
bedeutender Theil schon in so kleine Parcellen zersplittert, daß sie kaum eine Familie
noch ernähren können. Endlich lastet auch auf dem Ackerbau die Steuer des Zehnten
(Diezmo), welche von Francia abgeschafft, aber von Lopez wieder eingeführt worden.

Der Gartenbau liegt ebenfalls noch darnieder und werden Gartenfrüchte, von
welchen fast alle europäischen, wenn sie im Winter gebaut werden, gut gerathen, nur
in den Umgebungen der Hauptstadt in größerer Menge und guter Qualität gezogen.
Außer Bohnen, Kohl, Carotten, Zwiebeln, Bataten (Yeli der Guaranis) und Mani
(Arachis hypogaea L.) werden vornehmlich gebaut Melonen und Wassermelonen
(Sandias), welche letztere auch in Paraguay in sehr großen Mengen consumirt werden. Auch die Cultur der Obstbäume wird vernachlässigt, selbst die des Orangenbaumes, der für Paraguay sehr wichtig geworden, indem Orangen in großer Menge,
besonders auch mit Mandiocca zusammen, im Lande consumirt werden, und der Orangenbaum allgemein, auch in wilden Hainen vorkommt. Die Orangen von Paraguay
sind vorzüglich und werden auch in Menge nach Buenos Aires ausgeführt. Man
berechnet die jährliche Ausfuhr davon zu 10 Millionen Stück, von denen das Tausend
mit 17 bis 24 Francs bezahlt wird, und den jährlichen Ertrag jedes Baumes, der
dort mit dem fünften Jahre tragbar werden soll, zu 6 bis 8 Fr. Von sonstigen Frucht-
bäumen wird nur die Pfirsich allgemeiner gezogen, doch ist die Frucht schlecht. Die
Olive wird gar nicht cultivirt, obgleich sie, wie neuere Versuche gezeigt haben, gut gedeiht. Dem Weinstock sagt das Klima sehr zu, doch hat der Weinbau, der früher ziemlich
bedeutend geworden, ganz aufgehört, da die Trauben zu oft durch Insecten verdorben
werden. Tropische Früchte würden an vielen Localitäten gut gedeihen, mehr gezogen
wird aber nur die Guayava (Psidium pomiferum L.), die reichlich Früchte giebt.
Auch der Kaffeebaum gedeiht in Paraguay, wie eine Anpflanzung auf einem Gute des
Präsidenten Lopez gezeigt hat.

Die Viehzucht hat in Paraguay bei Weitem nicht die volkswirthschaftliche Bedeutung wie in der Argentinischen Republik, theils weil nicht so ausgedehnte Weideländereien vorhanden sind wie dort, theils weil die vorhandenen sich in einem größeren Theile des Landes wegen ihres Salzmangels nicht zur Viehzucht eignen. Den-
noch erzeugt das Land reichlich Vieh und hat die Viehzucht in neuerer Zeit, seitdem
die weidereichen Landstriche im N. vor den Einfällen der Indianer gesichert worden
und die Regierung auch auf den Staatsländereien viele große und wohlbewirthschaftete

Eſtancias, vornehmlich im Intereſſe der Armee, welche hauptſächlich aus dieſen Eſtancias ihre Subſiſtenzmittel erhält, angelegt hat, große Fortſchritte gemacht. Mit der Benutzung der früher faſt unbenutzten Staatsländereien hat ſchon Francia den Anfang gemacht und hat auch der nachfolgende Präſident dieſen Anlagen viel Sorgfalt gewidmet. Im J. 1849 gab es 64 Staats-Eſtancias (Est. del Estado oder de la Patria) ohne die ſogen. Puestos, d. h. kleine Viehgüter unter 1000 Stück. Die bedeutendſte Staats-Eſtancia iſt die von Francia angelegte und ganz auf argentiniſche Weiſe bewirthſchaftete von Surubiy, 13 Leg. von Aſuncion und 1½ Leg. vom R. Paraguay mit ungefähr 12,000 Stück Vieh, Rindern, Pferden und Maulthieren, 1844 verlor dieſelbe durch die Garrapata 2000 Stück. Sehr ſchöne Eſtancias beſitzt auch die Familie des gegenwärtigen Präſidenten. Sonſt giebt es ſehr wenige ſolcher Eſtancias von Privaten, wie in der Argent. Republik, da die Weideländereien nur zu einem kleinen Theile Privateigenthum ſind und der Hauptzweig der Viehzucht, die des Rindviehes, auch öfters großen Calamitäten unterworfen iſt, namentlich durch anhaltende Dürre und durch ſchädliche Inſecten, insbeſondere die Garrapata (T. S. 1158). Pferde werden nicht viel gezogen, da die klimatiſchen Verhältniſſe dafür weniger günſtig ſind und ſind auch die Pferde Paraguay's, obgleich ſtark und ausdauernd, nur klein und unanſehnlich. — Schaafzucht wird ſehr wenig getrieben und ſteht einer größeren Entwickelung auch das größtentheils zu heiße Klima entgegen. Auch die Zucht anderer Hausthiere iſt unbedeutend und werden namentlich auch Schweine wenig gehalten.

Sehr wichtig für Paraguay ſind die Waldprodukte und unter ihnen am wichtigſten der Maté oder die Yerba. Die Ausbeutung der Yerbales iſt ein Monopol der Regierung und hat daſſelbe wenigſtens das Gute, daß die Yerbales geſchont und die Verfälſchungen der Yerba verhütet werden, ſo daß die Yerba von Paraguay noch immer ihren alten Ruf als die beſte erhalten hat. Nach Einigen ſoll jedoch das größere Aroma der Yerba von Paraguay weſentlich auch der Beimengung einer kleinen Menge der Blätter einer Myrtenart, von den Guaranis Guavira-mi (Guabyra von Gua Baere und Yrob bitter) genannt, zu verdanken ſeyn.

Die Sammlung und Präparirung der Yerba geſchieht entweder unter der Aufſicht der Regierungsbeamten der betreffenden Departements oder durch Privatunternehmer, welche dazu unter vorgeſchriebenen Bedingungen Erlaubniß erhalten. Im erſteren Falle werden die dazu erforderlichen Arbeiter und der Nachbarſchaft, wie zu anderen öffentlichen Dienſten herbeigezogen und in Yerba oder in Gütern, wie Kleidungsſtücken u. ſ. w., bezahlt. Die Privatunternehmer haben in der Regel alle Unkoſten zu beſtreiten und zwei Drittel der gewonnenen Yerba der Regierung abzuliefern.

Nach der Wahl der zur Einſammlung beſtimmten Localität werden zuerſt die erforderlichen Gebäude für Aufbewahrung der Proviſionen u. ſ. w., Hütten für die Arbeiter und die Hürden oder Rahmen (Barbacoas) errichtet, auf welchen das Material getrocknet wird. Zur Gewinnung des Matés wählt man am liebſten beſchartige Bäume von 6 bis 12 Fuß Höhe und von ½ bis 2½ Zoll Stammdurchmeſſer oder Zweige in dieſen Dimenſionen. Dieſe zieht man durch ein an Ort und Stelle dazu angezündetes Feuer, worauf die halbgetrockneten Blätter und ſeine Zweige abgestreift und in von netzartig verſchiedenen Haſtſtellen zuſammengefaßten großen Bündeln (Haydus), die oft über 300 Pfund wiegen, nach dem Rahmen gebracht werden, was die Arbeiter durch Tragen dieſer ſo ſchweren Bündel auf dem Kopf und der Schultern ausführen. Das halbgetrocknete Material wird vorſichtig über die Hürden in Quantitäten von 50 bis 100 Arrobas (zu 25 Pfd.) ausgebreitet und man durch darunter angebrachtes Feuer, welches ſorgfältig überwacht wird, damit es möglichſt wenig Flamme und Rauch erzeugt, gedörrt, wozu es eines Feuerns von 36 bis 44 Stunden bedarf. Nachdem dies beendigt, wird das Feuer entfernt, der Boden ſorgfältig gereinigt und die gedörrten Blätter und die Reſte werk des Rahmens auf den Boden getrieben und hier mit hölzernen Inſtrumenten von der Form eines Schwertes zu einem groben Pulver verarbeitet. Die Yerba wird in Säcke aus Rindshäuten feſt verpackt, indem man dieſelbe in die friſch gemachten Häute einſtampft und kommt ſo in dieſen Ballen, durch das Trockenwerden der Häute noch mehr zuſammengepreßt, in die Staatsmagazine. In dieſen Ballen, Suronee oder Tercios genannt, durchſchnittlich 200 Pfd. wiegend, hält ſich der Maté jahrelang unverändert. Nach Bonpland kann ein Baum alle drei Jahre 70 Pfd. Maté liefern. Der Baum blüht in den Monaten November bis Januar. Die beſte Zeit zum Einſammeln der Yerba ſind die Herbſtmonate April bis Juni, wenn die Vegetation ſchon in ihrer Kraft abgenommen und der Baum noch ſeine Früchte hat, doch wird auch in anderen Jahreszeiten geſammelt mit Ausnahme der Blüthezeit.

Die Infusion, in welcher der Maté getrunken wird, hat eine grün-gelbe bräunliche, dem Anguße der chinesischen Thees ähnliche Farbe, doch wird sie nicht wie dieser von dem Thee abgegossen in Tassen getrunken, sondern aus dem calebassenförmigen Theetopfe (Maté im Spanischen genannt, was das Quichua Mathe, d. h. Calebasse, Trinkgefäß seyn soll, welcher Name denn auf das Getränk selbst übertragen worden) selbst durch eine unten mit einer siebförmigen Kugel versehenen Röhre (Bombilla) ausgesogen, die bei den Wohlhabenden gewöhnlich von Silber, manchmal von Gold ist. Wenn das Wasser von dem durch Zuthat von Zucker versüßten Maté abgetrunken ist, so wird wieder heißes Wasser aufgegossen und dies so lange wiederholt, indem man jedesmal nur etwas Zucker wieder hinzufügt, bis alle aromatischen Bestandtheile der Yerba ausgezogen sind, so daß eine einzige Portion Derba für 6 bis 8 Aufgüsse hinreicht. In allen La Platoländern wird dieser Thee in erstaunlicher Masse getrunken und zwar nicht wie bei uns der Thee mit Backwerk oder anderen Speisen, sondern meist ohne dieselben. Jede Person nimmt in der Regel 3 oder 4 Maté's nach einander und das wiederholt sich wenigstens 3 mal des Tages: Morgens beim Aufstehen, nach der Siesta und Abends, ungerechnet die zahlreichen Maté's zu anderen Zeiten bei Besuchen, wo er nie fehlt und wo alle Anwesenden nach einander aus derselben Bombilla trinken, was oft nicht sehr appetitlich ist, und in manchen Häusern circulirt der Maté fast den ganzen Tag. Auch auf Reisen ist der Maté diesem Bevölkerungen unentbehrlich und kein Gaucho reitet aus, ohne einen kleinen Beutel voll Derba und einen eisernen oder irdenen Topf zum Wasserkochen mitzunehmen und sein erstes Geschäft beim Halten ist, nachdem er sein Pferd zur Weide angebunden hat, sich seinen Maté zu bereiten. Und auf Reisen in jenen Ländern bildet der Maté gewiß ein sehr zweckmäßiges Genußmittel, da er auch den Hunger stillt oder vielmehr den Appetit mäßig, weshalb er auch nicht beim Essen gebraucht zu werden pflegt. Die rechten Maté-Liebhaber, vorzüglich die auf dem Lande, trinken denselben ohne Zucker und dann heißt er Maté cimarron. — In den Städten nimmt man den Maté auch wohl mit Milch, wie unsern chinesischen Thee, und haben wir selbst dies Getränk in dieser Weise ganz angenehm und wohlhabend gefunden, so daß man auch wohl eine Verbreitung desselben nach Europa für zweckmäßig halten könnte, zum theilweisen Ersatz des viel theureren chinesischen Thees, doch müßte dazu die Derba wohl in ganzen Blättern, nicht zerstampft in den Handel gebracht und überhaupt bei der Auswahl derselben größere Sorgfalt angewendet werden. In den La Plata-Ländern gewöhnen sich übrigens auch die Fremden leicht an das dort übliche Maté-Trinken.

Die Derba scheint eine dem Thein und Kaffein in Zusammensetzung und Wirkung sehr ähnliche Base zu enthalten. Sie hat eine tonische, vornehmlich diuretische und schweißtreibende Wirkung. Im Uebermaaß oder sehr stark genossen schadet sie den Verdauungsorganen und soll, namentlich bei Frauenzimmern, Nervenaffectionen verursachen, wie man dies auch dem chinesischen Thee nachsagt. Manigazza hat die Gesammtheit der schädlichen Wirkungen der Maté unter dem Namen Gastralgia matica beschrieben. Auch den Zähnen soll das viele Maté-Trinken schädlich seyn, da er zur Zeit heiß genossen wird, weshalb auch sein übermäßiger Gebrauch den Magen anreizt und Appetitlosigkeit verursacht. Dagegen scheint der Maté für die Bewohner Süd-Amerikas, welche große Mengen Fleisch, schlecht bereitet, ohne Brod, oft ohne alle vegetabilische Zuthat und immer ohne Wein genießen, wohlthätig zu seyn und scheinen daher die Bewohner der unteren La Plata-Länder, wie man dies so häufig bei national gewordenen Genußmitteln findet, durch einen ganz richtigen Instinct den Maté zu ihrem Lieblingsgetränk gemacht zu haben.

Die Länder, welche den meisten Maté consumiren, sind die Argentinische Republik, Uruguay und die brasilianische Provinz Rio Grande do Sul. Darnach folgen Chile (s. S. 812), wo jedoch der chinesische Thee im Maté Concurrenz zu machen angefangen hat, und Bolivia, wo er jedoch immer weniger verbreitet gewesen und sein Gebrauch abzunehmen scheint, ebenso wie in Perú.

Nach der Derba ist Holz bis jetzt das wichtigste Waldproduct Paraguay's. Auch dies ist zum Theil nach Monopol der Regierung, nämlich Schiffsbauholz (Maderas de construccion naval), was zur Ausfuhr bestimmt ist, und darf auch die Fällung von Bau- und Brennholz in größeren Quantitäten nur unter Erlaubniß der Regierung geschehen, da die Waldungen des Landes als Staatswaldungen angesehen werden. Unter den Holzarten Paraguay's sind viele vorzüglich geeignet für seine Tischlerarbeiten, deren Ausfuhr nach Europa wichtig werden kann, ebenso wie die mancherlei Harze und Gummi-Arten, unter denen sich auch das Kautschuk befinden soll, wenn sie in Europa erst mehr bekannt sind.

Die Industrie ist höchst unbedeutend. Außer den Staats-Eisengießereien von Ybicuy und den in den Arsenalen des Staates zu Asuncion betriebenen Industrien, so wie etwas Cigarrenfabrication existiren gar keine größeren Fabriken und Manufacturen. Auch solche große industrielle Etablissements, wie die Saladeros in der Argengentinischen und Orientalischen Republik giebt es in Paraguay nicht. Das Vieh wird dort in gewöhnlichen Schlachthäusern (Maladeros) geschlachtet, wo für den Export nur getrocknete Häute bereitet werden, da das Salzen von Fleisch und Häuten durch den Salzmangel des Landes unmöglich gemacht wird. Von allen einheimischen Industrien war die Anfertigung von baumwollenen Stoffen in der spanischen Zeit und vorübergehend auch unter Francia von Wichtigkeit. Gegenwärtig hat dieselbe fast ganz aufgehört, da die Handweberei im Preise nicht mit den eingeführten Fabrikaten concurriren kann, obgleich das einheimische Baumwollenzeug (Lienzo) viel dauerhafter ist und früher auch in ausgezeichneter Feinheit producirt wurde. Auch in Paraguay sind die Weiber sehr geschickt in der Anfertigung von feinen baumwollenen Stickereien und Spitzen, womit bei den reicheren Classen die Leibwäsche und auch Tischtücher u. s. w. besetzt zu seyn pflegen, die jetzt aber mehr und mehr von französischen und belgischen Spitzen verdrängt werden. Auch verschiedene Arten Hängematten und zum Theil sehr schöne, so wie hübsche Bettdecken, Ponchos und Pferdedecken wurden früher viel aus Baumwollengarn angefertigt, letztere zuweilen mit Wolle gemischt, doch sind alle diese einheimischen Erzeugnisse, so wie auch die Mantas, sehr dichte, creisirte, viereckige Stücke Zeug aus Baumwolle, von den Indianerinnen verfertigt und von diesen, sich darin einwickelnd, statt aller Kleidung getragen, gegenwärtig auch in Paraguay schon sehr durch auswärtige Fabrikate verdrängt. Von mehr Bedeutung ist noch die Gerberei, welche in Paraguay immer ziemlich viel betrieben ist und für welche das Land sowohl Ueberfluß an Häuten wie an guten Gerberrinden darbietet. Auch die Anfertigung von Leder- und Sattlerwaaren ist beträchtlich und hat dieselbe sich gehoben durch die von der Regierung besonders beaufsichtigte Arbeit für die seit Francia's Zeit sehr verbesserte Equipirung der verhältnißmäßig bedeutenden Armee. Bedeutend zugenommen haben Ziegelbrennereien, wogegen die Töpferei sich noch immer, wie früher, fast nur auf einige Dörfer von Indianern beschränkt, welche aber gute, zum Theil geschmackvolle Geschirre liefern, wie denn auch die Guarani-Indianer überhaupt Talent zur Plastik haben, was sich vorzugsweise unter den Jesuiten an den Ornamenten ihrer Kirchen zeigte. Dagegen hat die früher nicht unbedeutende Anfertigung von Goldschmiedearbeiten abgenommen. Branntweinbrennerei wird ziemlich viel betrieben, aber nur im Kleinen und aus Melasse (Miel), wogegen Zucker sehr wenig fabricirt wird. Der Gebrauch des Branntweins (Caña) soll früher sehr unbedeutend gewesen seyn, seit Francia's Zeiten aber sehr zugenommen haben. Außerdem wird viel Zucker zur Anfertigung von Dulces, gewöhnlich in Zucker eingekochten Früchten, gebraucht, die zum Theil vortrefflich sind und im Lande sehr viel consumirt werden, da sie auch bei der Mahlzeit den sehr selten vorkommenden Wein gewissermaaßen vertreten. Im Sommer bereitet man aus Miel und Wasser ein erfrischendes Getränk, die Aloja, auch wird der Syrup als Zusatz zur Chicha benutzt, welche auf verschiedene Weise bereitet wird, bald aus gestoßenem Mais, bald aus den Früchten mehrerer Algarroben-Arten (s. S. 967), bald aus zerschnittenen Ananas oder auch Pfirschen, über welche Wasser und etwas Syrup gegossen wird. Diese Mischung geht in einigen Tagen in Gährung über und wird dann durch ein Tuch geseiht. Die Einwohner von Paraguay benutzen die Chicha bloß als eine Erfrischung im Sommer, wo sie unser Bier vertritt, die wilden Indianer hingegen berauschen sich damit. — Von Bedeutung sind die von dem Präsidenten Lopez, dem Vater, gegründeten Fabriken für militärische Zwecke, wie eine Waffenfabrik, Kanonen- und Kugelgießereien und Pulvermühlen. Das Material für die Waffen- und Kanonenfabrikation liefert gegenwärtig das Land selbst, was den fortgesetzten Bemühungen der Regierung, die erst in neuerer Zeit entdeckten Eisenstein-Lagerstätten nutzbar zu machen, zu verdanken ist. Die Eisenhüttenwerke der Regierung zu Ibicuy, welche erst nach mehreren verunglückten Versuchen durch Zuziehung europäischer Beamten in Gang gebracht worden, befinden sich gegenwärtig in regelmäßigem Betriebe und würden, der Privatspeculation überlassen, wahrscheinlich nicht allein Paraguay, sondern auch die unteren La Plata-Staaten hinlänglich mit Eisen versehen

können, da die Gruben reichhaltige Erze in Fülle besitzen und die nahen ausgedehnten Waldungen noch lange Kohlen zu geringen Preisen liefern. — Von Bedeutung
ist auch das bei Asuncion errichtete Arsenal, welches mit englischen Dampfmaschinen
ausgestattet ist und schon eine bedeutende Anzahl Dampfschiffe für die Handels- und
die Kriegsmarine geliefert hat, für welche die Maschinen jedoch bis jetzt noch aus Europa bezogen worden. Doch sollen neuerdings auch Remorqueure zum Schleppen von
Frachtschiffen auf dem Paraguay mit inländischen Maschinen daraus hervorgegangen
seyn.

Die Anlage dieser industriellen Etablissements durch die Regierung kommt auch
der Privatindustrie zu Gute und bei die Regierung auch durch verschiedene Maaßregeln Landwirthschaft und Industrie des Landes direct zu unterstützen gesucht. Dazu
gehört die Anlage von künstlichen Wasserreservoirs durch Correction des Wasserlaufs
der Arroyos u. s. w. In Gegenden, in welchen namentlich die Viehzucht zur Zeit der
Dürren sehr durch Wassermangel zu leiden pflegte, die Gestattung der zollfreien Einfuhr für Maschinen für Landwirthschaft und Industrie, die Gewährung von Vorschüssen aus Staatsmitteln an Private zu landwirthschaftlichen und industriellen Unternehmungen und selbst an Ausländer zu sehr niedrigem Zinsfuße, nämlich von 6 %, während der landesübliche Zinsfuß 12 bis 18 % beträgt, die Einführung von Remor-
queuren auf dem R. Paraguay u. s. w.

Handel. Der auswärtige Handel Paraguay's, der unter dem Abschließungssystem des Dictators Francia ganz zu Grunde gegangen war und darauf durch die Opposition von Rosas gegen die freie Schifffahrt auf dem Paraná niedergehalten wurde,
hat in neuerer Zeit beträchtlich zugenommen, ist aber noch weit von der Bedeutung
entfernt, welche er, der Bewohnerzahl und den Hülfsquellen des Landes entsprechend,
annehmen müßte, wenn er nicht noch immer durch hemmende Regierungsmaaßregeln
niedergedrückt würde.

Dem Werthe nach betrug nach amtlichen Angaben

	die Ausfuhr	die Einfuhr		die Ausfuhr	die Einfuhr
1851	341,616 Pes.	230,917 Pes.	1856	1,143,131 Pes.	631,234 Pes.
1852	470,010 "	715,886 "	1857	1,700,722 "	1,074,639 "
1853	690,480 "	406,688 "	1858	1,205,819 "	866,596 "
1854	777,861 "	595,823 "	1859	2,199,678 "	1,539,648 "
1855	1,005,900 "	431,835 "	1860	1,593,904 "	885,841 "
			Summen	11,229,121 "	7,379,107 "

Der Ueberschuß in dem Werthe der Ausfuhren wird zum Theil ausgeglichen
durch die von der Regierung im Auslande für die Armee und die Arsenale angekauf-
ten Artikel, welche unter die Einfuhr nicht registrirt werden.

Den Hauptartikel der Ausfuhr bildete die Yerba (Paraguaythee), von welcher
1860 für 1,093,861 Pes. exportirt wurde, darauf folgte Taback für 270,373 Pes.,
Cigarren für 22,460 P., Holz für 14,800 P., getrocknete Häute für 187,787 P.,
gegerbte Häute für 22,838 Pes., Drogen für 23,466 Pes. und Gerberrinden für
22,474 Pes. — Die Quantität der exportirten Yerba betrug 1860 174,238 Arrob.
(zu 25 A) und die mittlere jährliche Ausfuhr in den letzten Jahren ungefähr 5 Millionen Pfund und darnach hat dieselbe noch nicht den Betrag zu Ende des vorigen
Jahrhunderts wieder erreicht, wo nach Ajara Paraguay über 5000 Quintales aus-
führte. Die Ausfuhr von Taback in Blättern und Cigarren betrug i. J. 1860
4 Millionen Pfund, war aber das Jahr vorher 1 Mill. Pfd. höher gewesen. Diese
Ausfuhr umfaßt wohl kaum ein Drittel der ganzen jährlichen Ernte, die du Graty
auf Grund guter Schätzungen zu mindestens 15 Mill. Pfd. anschlägt. Die jährliche
Ausfuhr von Häuten beträgt etwa 60,000 Stück, wovon ungefähr 1/3 gegerbt.
Der Handel mit Häuten, früher ebenfalls monopolisirt, ist jetzt frei, doch ist nur die
Ausfuhr durch die Regierung von Bedeutung, da dieselbe die Häute in den Schläch-
tereien aufzukaufen pflegt.

Die Benennung »Das amerikanische China« für Paraguay, welche einige Verbreitung gefunden hat, paßt durchaus nicht mehr seit dem Ende der Dictatur Francia's. Sein Nachfolger Lopez hat im Gegentheil in richtiger Erkenntniß der großen volkswirthschaftlichen Nachtheile, welche das Abschließungssystem des Dictators für Paraguay gebracht hat, von Anfang seiner Regierung an darnach gestrebt, das Land dem auswärtigen Handel zu öffnen und ist Paraguay auch in der That einer der ersten Staaten Süd-Amerika's gewesen, die Flußschifffahrt für frei zu erklären (durch die Freundschafts-, Handels- und Schiffahrts-Verträge mit Groß-Britannien und mit Frankreich, Sardinien und den Vereinigten Staaten von N.-A. vom 4. März 1853, von denen nur derjenige mit den Ver. Staaten nicht ratificirt wurde, aber durch einen Tractat vom 4. Febr. 1859 ersetzt worden ist). Gleichwohl ist Paraguay in Wirklichkeit noch weit vom Freihandel entfernt, da die in der Geschichte und in der administrativen Tradition des Landes begründete Handelspolitik Paraguay's noch gewisse Beschränkungen des Handels nicht hat aufgeben können, die denselben mehr hemmen als die betreffenden gesetzlichen Bestimmungen wahrscheinlich beabsichtigen. Die wichtigsten dieser Bestimmungen sind die Beschränkung des internationalen Handels auf dem Paraguay auf die Hauptstadt Asuncion und die Monopolisirung der Ausfuhr der Yerba und des Bauholzes. Die Beschränkung des auswärtigen Handels auf den Hafen von Asuncion wirkt dadurch besonders nachtheilig, daß wichtige Landesproducte, die, wenn sie aus den unterhalb Asuncion in den Paraguay mündenden Strömen den Paraguay abwärts ausgeführt werden dürften, einen guten Markt in den Handelshäfen des Paraná finden würden, gegenwärtig nicht in den auswärtigen Handel gelangen, weil die Kosten des Transports nach Asuncion den Paraguay aufwärts oder auch zu Lande zu hoch sind, um mit Vortheil in den internationalen Handel übergehen zu können. — Das Monopol der Regierung auf die Yerba vertheuert diesen Artikel sehr bedeutend für die auswärtige Consumtion und verhindert dadurch eine fortschreitende Concurrenz der Yerba von Paraguay mit derjenigen Brasiliens und der Missionen. Da indeß der Yerba-Handel im Innern Paraguay's frei ist und das Monopol der Regierung dieser nicht allein eine große Einnahme verschafft und so die Bewohner vor der Einführung directer Steuern schützt, sondern auch dadurch dem Lande wieder zu gute kommt, daß unter diesem System die Yerbales, welche in Brasilien und den Missionen durch ungeregelte Ausbeutung ebenso wie in Ecuador, Peru und Bolivia die Cinchonenwaldungen, der gänzlichen Ausrottung entgegengehen, geschützt und erhalten werden, so möchte dies Monopol durch die staatlichen und volkswirthschaftlichen Verhältnisse des Landes wohl noch zu entschuldigen seyn. Nachtheiliger scheint dagegen das Monopol auf die Ausfuhr von Schiffsbauholz, da dasselbe die Ausfuhr von Holz, welche selbst unter einem zweckmäßigen Schutz der Staatswaldungen sehr bedeutend seyn könnte, auf eine Kleinigkeit beschränkt, weil der Begriff Schiffsbauholz, auf das sich dem Gesetze nach das Monopol allein bezieht, zu unbestimmt ist und der Auslegung von Unterbeamten überlassen, darunter alles Bau- und Nutzholz gebracht werden kann, so daß von Privatunternehmungen abgeschreckt wird.

Die Hauptartikel der Einfuhr bildeten Manufacturwaaren, im Jahre 1860 für 529,356 Pes., darunter baumwollene für 336,865, wollene für 133,630, seidene für 31,285 und leinene für 31,285 Pes. Wein wurde 1860 eingeführt für 51,261 D., Liqueure für 27,755 D., Eisenwaaren für 26,842 D., Schuhe und Stiefel für 14,811 D., fertige Kleidungsstücke für 5,650 D., Hüte für 5,391 D., Fächer für 3,985 D., Möbeln für 4,693 D., Bücher für 3,299 D., Parfümerien und Seife für 2,149 D., Mehl für 4,930 D. Die Manufactur- und Eisenwaaren sind größtentheils englische und deutsche, die Liqueure spanische und französische, das Mehl amerikanisches.

Die Aus- und Einfuhr-Zölle sind im Allgemeinen nicht übermäßig hoch und viel mehr als durch diese wird der Handelsverkehr beschränkt durch die vielen lästigen Controllmaaßregeln für den Handel und die Schifffahrt, welche im Interesse der Monopole und des Fiscus und besonders auch aus politischen Rücksichten noch beibehalten worden sind.

Der Binnenhandel leidet noch unter dem Mangel von Landstraßen, für welche seit der Regierung des älteren Präsidenten zwar Einiges geschehen ist, indem über verschiedene kleine Ströme auf den Hauptstraßen Brücken gebaut wurden, die bis dahin im Lande so gut wie ganz unbekannt waren, die Kunststraßen aber doch noch so wenig ausgebaut sind, daß zur Regenzeit die Communication zu Lande in einem großen Theile des Landes fast ganz unterbrochen ist. Die wichtigsten Straßen, welche das Land durchschneiden, gehen von der Hauptstadt aus. Die eine geht gegen O. den R. Paraguay entlang nach dem Paso de la Patria und ist die Hauptstraße nach Corrientes, die aber während der Zeit der Fluß-Anschwellungen ganz unpracticabel ist. Eine zweite geht gegen O.S.O. über San Lorenzo, Ita, Yaguaron, Paraguary, Ibicuy nach dem Gebiete der Missionen und durchschneidet dieses in der Richtung nach Itapua. Sie ist weniger den Störungen durch Ueberschwemmungen unterworfen als die vorige, wird aber in der Regenzeit auch schwierig durch den Uebergang über die Flüsse, namentlich über den Tebicuary. Unter Francia, der Itapua zum alleinigen Stapelplatz für den auswärtigen Handel Paraguay's gemacht hatte, war diese Straße die wichtigste des Landes und dient sie auch jetzt noch viel statt der ersteren für den Verkehr nach Corrientes. Eine dritte Straße geht nach R. den Paraguay entlang nach den nördlichen Ortschaften an diesem Flusse, sie ist aber ähnlichen Störungen unterworfen wie die Südstraße, obgleich nicht ganz in demselben Maße. Nach Villa Rica endlich, der zweiten Stadt des Landes, führen von der Hauptstadt dreierlei Straßen von ungefähr gleicher Länge. Die erste geht anfangs gegen O., folgt darauf dem Hügellande gegen S.O., dem südwestlichen Ufer des schönen Sees von Ypacaray entlang laufend und geht in dieser Richtung weiter durch die Ebene von Pirayu, bis sie allmählich das Hochland gewinnt; die zweite und südlichste folgt der Straße nach den Missionen bis Villa Paraguary und läuft von hier aus gegen O.; die dritte mittlere geht über Luque, Itaugua, Pirayu, Paraguary, Ybitimi und Piapó und ist die Hauptstraße, auf welcher auch eine Postbeförderung stattfindet, für welche die genannten Ortschaften die Stationen sind. Die Distanz zwischen Asuncion und Villarica beträgt auf dieser Straße nach du Graty 36,1 Leguas zu ungefähr 4200 Meter.

Anstatt wie es nach allgemeinen volkswirthschaftlichen Grundsätzen am richtigsten schien, größere Mittel dazu aufzuwenden, die Landstraßen zu Kunststraßen auszubauen und die dazu geeigneten Flüsse des Landes durch Wasserbauten zu bequemen Wasserstraßen zu machen, hat die Regierung es vorgezogen, die bevölkertsten Theile des Landes durch Eisenbahnen mit der Hauptstadt in Verbindung zu setzen und i. J. 1859 den Bau einer Eisenbahn anfangen lassen, welche von Asuncion ins Innere geht und bis Villa Rica fortgesetzt werden soll. Die dafür bestimmte Linie läuft über Trinidad, Luque, Aregua, Itaugua, Pirayu nach Paraguary, einer Villa, welche 72 Kilometer (etwa 10 b. M.) von Asuncion und ungefähr eben so weit von Villa Rica entfernt liegt. Für diese zweite Hälfte des Weges ist die Linie noch nicht festgestellt, da die erste Hälfte erst dem Verkehr übergeben werden sollte, ehe man sich mit der zweiten beschäftigte. Der Anfang mit dem Bau wurde im Juni des Jahrs 1859 gemacht unter Leitung englischer Ingenieure und mit inländischen Arbeitern, welche dazu wie zu Staatsbauten überhaupt zugezogen wurden. Der Bau ging wegen der großen Menge der erforderlichen Brücken langsam von Statten, doch wurde im Octbr. 1863 die Strecke bis Itaugua, ungefähr 40 Kilometer oder 8 Leguas von Asuncion, dem Verkehr übergeben.

Paraguay hat außer mit den schon genannten Staaten auch Handels- und Schifffahrts-Verträge mit Brasilien (vom 6. April 1856 und 12. Febr. 1958), der Argentinischen Republik (vom 29. Juli 1856) und Preußen und den übrigen Staaten des deutschen Zollvereins (vom 1. Aug. 1860). Diesen Verträgen nach steht den Flaggen aller dieser Nationen die Schifffahrt auf dem R. Paraguay bis zur Brasilianischen Grenze (nach den älteren Verträgen mit England, Frankreich und Sardinien nur bis nach Asuncion) frei und derjenigen Brasiliens auch der Transit nach der brasilianischen Provinz Mato Grosso, jedoch mit der Einschränkung, daß von beiden Staaten nur drei bewaffnete Dampf- oder Segelschiffe zusammen den Fluß auf- oder abwärts fahren und in die dem Handel geöffneten Häfen einlaufen dürfen, wobei jedoch die etwa bewaffneten Dampfpacketböte nicht als Kriegsschiffe angesehen werden. Erst dem Jahre 1856 ist der Paraguay denn auch regelmäßig durch Dampfpacketböte bis Asuncion befahren und i. J. 1857 ging der erste Dampfer von Rio de Janeiro über Buenos Aires den Paraguay aufwärts mit drei beladenen Schiffen im Schlepptau nach der Prov. Mato Grosso, nachdem die nordamerikanische Expedition der Water-Witch i. J. 1853 gezeigt hatte, daß große Dampfer über die Grenzen Paraguay's hinaus gelangen könnten. Die ersten durch Dampfschiffe nach der Prov. Mato Grosso geführten Waaren warfen enormen Gewinn ab, bis zu 400 Procent, man klagt aber, daß die der Schifffahrt auf diesem Flusse auferlegten Controlmaaßregeln von Seiten Paraguay's diesem Handel nicht ordentlich aufkommen lassen. Deshalb scheint auch die europäische Flagge noch nicht nach Paraguay gekommen zu seyn mit Ausnahme des genannten nordamerikanischen Kriegsdampfers Water-Witch i. J. 1853, eines englischen Schiffes i. J. 1862, welches Maschinen einführte, und einiger französischen und englischen Dampf-Avisos im Dienste der resp. Regierungen oder zu nautischen Untersuchungen. Die Schifffahrtbewegung von Asuncion ist nicht genauer bekannt; i. J. 1859 sollen 412 Schiffe ein- und ausgelaufen seyn mit 16,650 Tonnen Gehalt. Im J. 1860 liefen 148 Schiffe ein, darunter 30 nationale, und 208 aus, worunter ebenfalls 30 nationale.

Die Münzen, Maaße und Gewichte sind die altspanischen. Die circulirende Münze ist ganz spanische oder die anderer amerikanischer Staaten, da Paraguay nur Kupfermünze bisher geprägt hat. Gold und Silber ist immer wenig in Circulation gewesen und hat die Regierung zur Befriedigung des Bedürfnisses an Circulationsmitteln i. J. 1847 für 200,000 Pesos Papiergeld (in Stücken von 1 bis 5 Pesos und von ½ bis 4 Realen) ausgegeben, dessen Werth durch die Nationalgüter garantirt ist und auch lange Pari gestanden hat, bis dasselbe in neuerer Zeit erheblich vermehrt worden. Durch das Gesetz vom 6. Juni 1865 ist der Werth der Gold-unze, nach welcher die Zahlungen an die Regierung geschehen, zu 17 Pes. 2 Realen bestimmt und der spanische Thaler oder Peso fuerte zu 10 Realen, und darnach ist der Werth eines Papierpesos = 4 Frcs. 32 Cent., wenn man den spanischen Thaler zu 5 Fr. 40 Ct. rechnet. Da nach diesen Bestimmungen die Unze nur 14 Pesos repräsentirt, während sie in Wirklichkeit 16 Pesos werth ist, so ist es viel vortheilhafter, Silber als Gold nach Paraguay einzuführen und zu Zahlungen anzuwenden, welche in Metall geschehen müssen. Gesetzlich kann bei Zahlungen im Handel die Hälfte in Münze und die Hälfte in Papier verlangt werden. Von Kupfermünze ist für 30,000 Pesos ausgeprägt in Stücken von 5 Grammes, von welchen 12 einen halben Real repräsentiren. — Die Legua von Paraguay (26½ auf dem Grad) zu 5000 Varas ist = 4192,83 Meter; die Vara, welche in 3 Fuß à 12 Zoll à 12 Linien eingetheilt ist = 96,65 Meter. Eine paraguadische Legua wird zu ⅔ brasilianische Legua zu 3,000 Brazas gerechnet. Die Quadrallegua, nach welcher die Staatsländereien verkauft werden, mißt ungefähr 1,743 Hectaren, der Lino Aderland ungefähr 0,17 Aren (vgl. S. 1162). — Hohlmaaße bilden die Pipe = 581,656 Liter, und der Baril, der in 32 Frascos zu 4 Quartos eingetheilt ist = 96,929 Liter. Für gewisse Flüssigkeiten, wie z. B. Melasse, bedient man sich auch eines Maaßes, Azumbre genannt, welches 32 Pfund wiegt; für Korn, Salz, Kalk u. s. w. dient die Fanega, welche in 12 Almudas zu 24 Liter Rauminhalt eingetheilt ist. Die Gewichte bilden die Tonnelada zu 20 Quintales, der Quintal zu 4 Arrobas, die Arroba zu 25 ℔ und das Pfund zu 16 Unzen. Die Arroba ist = 11,502 Kilogramm.

II. Geistige Cultur. — Die intellectuelle Bildung stand in Paraguay zur Zeit der spanischen Herrschaft auf einer selbst für Südamerika sehr niedrigen Stufe, was sich aus der Abgelegenheit des Landes und daraus erklärt, daß die ersten Ansiedler größtentheils den unteren Classen der Bevölkerung angehörten und auch später das Land keine Einwanderung aus höheren Classen anzog, weil es gar keine Bergwerke hatte und also auch nicht die Mittel zur schnellen Bereicherung darbot. Die Unterrichtsanstalten befanden sich ausschließlich in den Händen der Kirche, welche in Paraguay im Ganzen arm geblieben und auch den Geistlichen wenig Mittel zu einer höheren Bildung darbot. Nach der Revolution gingen unter der Dictatur Francia's die wenigen kirchlichen Unterrichtsanstalten der spanischen Zeit gänzlich zu Grunde und hörte auch der Volksunterricht durch die Geistlichen fast ganz auf, indem die Feindschaft Francia's gegen die Kirche diese fast aller ihrer Güter und ihres ganzen Einkommens beraubte, so daß nach und nach die meisten Gemeinden des Landes ohne Geistliche waren. Dagegen wurde der Schulunterricht unter Francia keineswegs ganz vernachlässigt. Nach einem von Al. v. Humboldt mitgetheilten Briefe aus Paraguay v. J. 1824 konnten damals fast alle Einwohner lesen und schreiben. Die Erziehung war aber ganz militärisch. Statt der Glocke wurden die Zöglinge durch Trommelschlag in die Classe berufen und die Alkalden, welche jährlich vom Volke gewählt werden, bestimmten, wie lange die jungen Leute die Schulen besuchen sollten. Der Nachfolger Francia's wandte von Anfang an dem Schulwesen große Sorgfalt zu und sind diese Bemühungen auch fortwährend fortgesetzt worden, und wenn ihre Resultate für die Volksbildung noch nicht von großer Bedeutung geworden, so hat dies seinen Grund weniger in dem guten Willen der Regierung als in der Schwierigkeit, tüchtige Lehrer sich zu verschaffen und für dieselben die erforderliche Besoldung aufzubringen. Gegenwärtig giebt es in jedem Districte eine Volksschule für Knaben, in welcher mindestens Lesen und Schreiben gelehrt werden soll und nach einer Verfügung vom J. 1861 besteht gegenwärtig sogar ein Schulzwang für alle Knaben im Alter von 7 bis 10 Jahren zum Besuch dieser Schulen. Nach einer Publication der Regierung wurden die Elementarschulen i. J. 1856 von 16,753 Knaben besucht.

Von höheren Unterrichtsanstalten hatte sich aus der spanischen Zeit in der Hauptstadt ein erst i. J. 1783 gegründetes Collegium erhalten, in welchem auch der Clerus seine Bildung erhielt, dessen Thätigkeit aber fast ganz aufgehört hatte. Im J. 1842 wurde daselbst von der Regierung das erste Gymnasium gegründet, dem man den etwas pomphaften Namen einer Academia literaria gab, obgleich man für den höheren Unterricht in demselben nur zwei Lehrfächer, eins für die lateinische Sprache und eins für Philosophie besetzte, welche beide einem Lehrer, einem alten, aber wohlunterrichteten Priester übergeben wurden. Später gelang es, dafür einige tüchtige Lehrer unter den als Missionare nach Paraguay gekommenen Jesuiten zu gewinnen. Als diese aber i. J. 1846 wieder entlassen wurden und der tüchtigste unter den Lehrern, der bezeichnete Priester, zum Bischof ernannt wurde, kam diese höhere Schule, in welcher es Lehrstühle für Latein, Philosophie, Mathematik, Jurisprudenz und Theologie gab, ganz in Verfall und ist sie erst in neuerer Zeit wieder unter dem Namen Instituto de Enseñanza renovirt worden. Um die erforderlichen Lehrer für dies und einige ähnliche Collegien in den größeren Städten zu erhalten, pflegte die Regierung neuerdings eine größere Anzahl junger Leute in Frankreich ausbilden zu lassen. Diese Collegien erhalten einen Zuschuß aus der Staatscasse, während die Lehrer an den Elementarschulen vornehmlich auf das oft schwer beizutreibende Schulgeld angewiesen sind.

Der Präsident C. A. Lopez, der Vater des gegenwärtigen, führte auch i. J. 1844 die erste Buchdruckerei in Paraguay ein, zunächst zur Publication der Verordnungen der Regierung, an die unter Francia gar nicht gedacht worden, so wie der Congreß-Verhandlungen, der Präsidial-Botschaften und zu gelegentlichen Mittheilungen über die politischen Verhältnisse des Landes, besonders dem Auslande gegenüber, in der Form von Proclamationen und Manifesten, um eine öffentliche politische Meinung im Lande zu erwecken, und hat diese Regierungspresse nicht wenig dazu beigetragen, in der Bevölkerung das freilich, wie indeß wohl immer mehr oder weniger mit Ueberschätzung des eigenen Werthes und mit Ignoranz über denjenigen des Fremden verbundene, sehr gesteigerte Nationalbewußtsein und die heiße Vaterlandsliebe zu

74 *

erzeugen, welche sich gegenwärtig so sehr in dem Kriege gegen Brasilien und seine Alliirten bewähren. Im J. 1845 unternahm diese Staatsbuchdruckerei auch die Publication eines politischen Blattes, welches unter dem Namen El Paraguayo indepen-
diente wöchentlich einmal erschien, in den ersten Jahren aber weder Abonnenten noch
Annoncen annahm, dann aber unter dem Titel El Seminario de avisos y conoci-
mientos utiles mannigfaltiger wurde und gegenwärtig nicht allein regelmäßig alle
Woche einmal in großem Zeitungsformat und sehr gut gedruckt erscheint, sondern auch
außer den amtlichen Publicationen und politischen Nachrichten aus dem Auslande verhältnißmäßig viele gute Mittheilungen belehrenden und gemeinnützigen Inhalts, besonders auch über Paraguay selbst, bringt.

Zur Ordnung der unter Francia gänzlich in Verfall gekommenen kirchlichen
Einrichtungen wandte sich der Präsident Lopez bald nach dem Anfang seiner Verwaltung an den römischen Stuhl und gelang es mit dessen Unterstützung für das Bisthum zu Asuncion einen tüchtigen Diöcesan-Bischof zu gewinnen, dessen nächste Sorge
die Wiederbesetzung der unter Francia größtentheils vacant gebliebenen Pfarreien war,
und der bis z. J. 1854 über 60 Priester ordinirte, um so die vielen Vacanzen in den
Pfarrstellen theils durch Pfarrer, theils durch Reiseprediger (Escusadores) auszu-
füllen. Auch viele fast in Ruinen zerfallene Kirchen wurden wieder hergestellt,
es wurden umfassende Renovationen der alten Kirche von Santa Rosa de las Misiones, eine der schönsten Baudenkmale aus der Zeit der Jesuiten, angeordnet, in vielen
Ortschaften neue Gotteshäuser aufgeführt, wie in Villa del Pilar, Rosario, Carima-
batay, la Union, Caapará, Caravad u. s. w. und in der Hauptstadt selbst in den
Jahren 1842 bis 1845 eine neue Kathedrale erbaut. Alle diese Maaßregeln wurden
von der Bevölkerung mit großem Beifalle aufgenommen, denn die Paraguayos waren
trotz der antireligiösen Maaßregeln Francia's doch entschieden kirchlich gesinnt geblieben.

Ueber den sittlichen und socialen Charakter lauten die Berichte der fremden Reisenden, welche das Land nach Francia's Zeiten besucht haben, übereinstimmend sehr
günstig und scheinen sich darnach die Verhältnisse in neuerer Zeit gebessert zu haben:
denn Rengger, der unter Francia sechs Jahre lang in Paraguay lebte, urtheilt mehr-
fach ungünstig über die sittlichen Zustände, doch mag derselbe vielleicht auch einen
ganz passenden Maaßstab nach seiner schweizerischen Heimath angelegt haben. Nach
neueren Nachrichten ist das Volk durchaus gut geartet, sanften und friedfertigen Cha-
rakters, höflich und manierlich und sehr gastfrei, und ein Deutscher, der unter Lopez
dem Vater das ganze Land durchreiste, schilderte uns Paraguay als ein „kleines so-
ciales Paradies". In vieler Hinsicht bilden die Paraguayos einen geraden Gegensatz
zu den Argentinern. Sie sind nämlich sehr lenksam, der Autorität sich gern fügend
und mehr phlegmatisch als leidenschaftlich, was sowohl in der Hauptbeschäftigung mit
dem Ackerbau und der dadurch bedingten Lebens- und Ernährungsweise, wie in der
starken Mischung mit dem Blute der friedlichen Guarani-Race seinen Grund haben
mag, wogegen der argentinische Gaucho von seinen Vorfahren, aus der Race der
Pampas-Indianer, gerade das unbändige Wesen geerbt zu haben scheint. Während
dem Gaucho Blutvergießen eine Kleinigkeit ist, sind in Paraguay Verbrechen gegen
Personen fast ganz unbekannt und auch Diebstähle kommen selten vor und bleiben fast niemals unbestraft, da die Bevölkerung selbst die Behörden in der Entdeckung eifrig zu unterstützen pflegt. Nach darin zeigt sich besonders dieser Gegensatz,
daß in Paraguay trotz der Vernachlässigung der Schulbildung doch in den Familien
allgemein große Ehrerbietung der Kinder gegen die Eltern und überhaupt der Jugend
gegen die Alten herrscht. (Vgl. z. B. S. 1023). Die Frauen zeigen, obgleich die
Mädchen eigentlich gar keinen Unterricht genießen, Anmuth und Anstand und ein an-
geborenes Gefühl des Schicklichen im Umgange. Die lange despotische Herrschaft
Francia's hatte dem Charakter der Bevölkerung einen hervorstechenden Zug des Miß-
trauischen aufgeprägt, welcher jedoch seitdem zu einer gewissen Zurückhaltung sich un-
geändert hat, die allerdings mit der dem spanischen Charakter sonst eigenthümlichen
Offenheit und Mittheilsamkeit in großem Gegensatz steht, aber auch in der indianischen

Mischung gewiß einen tieferen Grund hat, übrigens eben so wenig die althergebrachte uneigennützige Gastfreiheit ausschließt, wie die Ungänzlichkeit, die Gefälligkeit und Dienstfertigkeit gegen Jedermann, so daß, wenn z. B. ein Reisender, zumal in guaranischer Sprache, Fragen an die Einwohner richtet, sie immer mit Gefälligkeit antworten, gern den Weg zeigen, beim Uebersetzen über Flüsse Hülfe leisten, die Pferde des Fremden besorgen, ihm ihr eigenes Lager einräumen u. s. w. — Seit der Eröffnung des Landes für den auswärtigen Handel hat sich in der Tracht, namentlich der Frauen, auch in Paraguay bereits eine große Umwandlung vollzogen, indem diese schnell gelernt haben, sich geschmackvoll nach den neuen Pariser Moden zu kleiden und als perfecte Damen in der Gesellschaft zu erscheinen, doch sind die Gewohnheiten und die Lebensweise, besonders auf dem Lande, im Ganzen noch die einfachen, althergebrachten geblieben, "die einer altständischen Unschuld", wie unser deutscher Berichterstatter sich ausdrückt.

Die Paraguayos sind intelligent, dem Unterricht zugänglich und haben besonderes Talent in mechanischen Künsten. Auch sind sie ausdauernder in der Arbeit als die Argentiner. Den lebhaften Sinn für Musik haben sie mit diesen gemein, ein besonderes Talent für Sculptur scheinen sie vornehmlich von den Indianern, denen dies fast überall in Amerika, wie die Arbeiten der Indianer in der Ausschmückung der Kirchen in den Missionen zeigen, gemeinsam ist, ererbt zu haben und ebenso den Geschmack in dem Figuren der feinen, von den Frauen verfertigten Stickereien, während sie vom Zeichnen nichts verstehen und ihre Zeichnungen, wie auch die indianischen Materialien in jenen Kirchen, betreffen, daß sie von der Perspective keinen Begriff haben.

Verfassung und Verwaltung. — Die alte Provinz Paraguay umfaßte bis zum Jahre 1620 außer dem Territorium des gegenwärtigen Staates dieses Namens auch den ganzen übrigen Theil der spanischen La Plataländer und wurde von einem Gouverneur verwaltet, der unter dem Vice-König von Perú stand, der in Lima seine Residenz hatte. In dem genannten Jahre wurden von der Provinz Paraguay diejenigen Landestheile getrennt, welche gegenwärtig den größten Theil des Gebietes der Argentinischen und der Orientalischen Republik ausmachen und dadurch die Provinz Paraguay auf den Umfang beschränkt, den sie bis zu Ende der spanischen Herrschaft behielt. Bis zum J. 1776 blieb sie ein Theil des Vice-Königreichs von Perú und wurde dann dem neu errichteten Vice-Königreich von Buenos Aires zugetheilt, behielt aber eine von den Gouverneuren der übrigen Provinzen dieses Vice-Königreichs unabhängige Verwaltung.

Die weite, noch durch ausgedehnte zwischenliegende Einöden vergrößerte Entfernung von dem Sitze der Regierung des Vice-Königs (Lima) ist für die Entwickelung der Provinz von Paraguay sehr nachtheilig gewesen. Sie verhinderte gewöhnlich ein rechtzeitiges Einschreiten der obersten Gewalt bei den vielen Störungen der inneren Ruhe, welche durch Indianeraufstände, Einfälle aus den benachbarten portugiesischen Provinzen, heftige Streitigkeiten der weltlichen Behörden mit den Jesuiten, welche zu wiederholter gewaltsamer Vertreibung der letzteren aus Asuncion führten, so wie auch durch die Mißregierung verschiedener Gouverneure veranlaßt wurden. Erst gegen das Ende des 18. Jahrhunderts nach der Einverleibung der Provinz in das Vice-Königreich von Buenos Aires, zu dessen Errichtung der spanische Hof endlich durch die in den La Plata-Ländern eingerissenen Unordnungen gezwungen ward, trat auch in der Verwaltung Paraguay's mehr Ordnung ein, und als in Buenos Aires die ersten politischen Bewegungen anfingen, herrschte in Paraguay unter der milden Regierung des Gouverneurs D. Bernardo de Velasco eine solche Ruhe und Zufriedenheit, daß das Beispiel von Buenos Aires nicht allein ohne alle Wirkung auf Paraguay blieb, sondern auch eine Aufforderung der Junta von Buenos Aires vom 27. Mai 1810 an die Regierung von Paraguay, sich ihr in ihren politischen Bestrebungen anzuschließen und Abgeordnete nach Buenos Aires zu senden, von der durch den Gouverneur zur Berathung über diesen Antrag zusammenberufenen Versammlung von Notabeln des Landes durch die unter dem 26. Juli 1810 von dem Gouverneur Velasco unterzeichnete Erflärung zurückgewiesen wurde, daß man zwar in freundschaftlichen Beziehungen mit Buenos Aires zu bleiben wünsche, ohne jedoch dieser Provinz irgend eine Superiorität zuzugestehen, daß man vielmehr die Entscheidung Spaniens abwarten wolle und bis zu deren Eintreffen alle für die Sicherheit und Vertheidigung des Landes erforderlichen Maaßregeln treffen werde. Diese zurückweisende Antwort veranlaßte die Junta von Buenos Aires, welche von Anfang an das ganze Vice-Königreich von Buenos Aires zu repräsentiren den Anspruch machte, zur Ausrüstung einer militärischen Expedition gegen Paraguay, um diesen Anspruch durchzusetzen und dort die noch bestehende spanische Regierung zu stürzen. Diese Expedition, deren Commando einem der Mitglieder der Junta, dem später bekannter gewordenen General Manuel Belgrano, übertragen wurde, nahm jedoch einen kläglichen Ausgang. Belgrano wurde, nachdem er im December 1810 den Paraná überschritten und ohne Anfangs Widerstand zu finden bis nach Paraguay vorgedrungen war, dort am 19. Jan. 1811 von den ihm entgegengesandten spanischen Truppen geschlagen und nachdem er auf seinem Rückzuge am R. Tacuary im Gebiete der Missionen am 9. März eine abermalige Niederlage erlitten, genöthigt, zu capituliren oder wie es in dem Berichte Belgrano's an die Junta von Buenos Aires heißt, einen Waffenstillstand (armisticio) mit dem Anführer der spanischen Truppen, General Manuel Cabañas, abzuschließen, nachdem er erklärt hatte, daß er nicht gekommen sey, um Paraguay zu erobern, sondern den Einwohnern von Paraguay beizustehen, daß sie das erhielten, worauf sie Ansprüche hätten (wobei er u. a. die Aufhebung des Tabackmonopols erwähnt) und daß er bereit sey, mit seinen Truppen über den Paraná zurückzugehen.

War Belgrano unglücklich mit den Waffen gewesen, so hatte er um so mehr Glück in seinen Unterhandlungen mit dem Anführer der Truppen von Paraguay über die sogen. Waffenruhe, die er durch Absendung eines Parlamentärs eröffnete und in den nächsten Tagen schriftlich fortsetzte und scheint es ihm dadurch, so wie durch den späteren persönlichen Verkehr mit den paraguayischen Officieren auch gelungen zu seyn, die Hauptaufgabe seines Kriegszuges zu erreichen, nämlich den Sturz der in Paraguay noch bestehenden spanischen Regierung. Indem er nämlich wiederholt darstellte, daß er nach Paraguay nicht gekommen, die Provinz der Junta von Buenos Aires zu unterwerfen, sondern einzig und allein, um die Paraguayos in der Ergreifung der Maaßregeln, welche die augenblickliche unglückliche Lage des Mutterlandes zum Besten der Colonie nothwendig machte, zu unterstützen, wußte er bei den paraguayischen Officieren Ideen zu erwecken, welche sehr bald darauf auch in Asuncion den Sturz der spanischen Regierung möglich machten. Am wirksamsten zur Hervorrufung dieser Ideen war es ohne Zweifel, daß Belgrano und der ihm von der Junta beigegebene Civil-Commissär José Alberto Calcena y Echeverria sehr geschickt die Anmuthung an Paraguay, einen Deputirten zu dem von der Junta beabsichtigten allgemeinen Congreß zu schicken, als eine wahrhaft spanisch-patriotische darzustellen wußten, indem dieser Congreß zu eben berufen sey, die Mittel zur Erhaltung der Spanischen Monarchie in diesen Ländern Seiner Majestät Don Fernando VII, falls seine Herrschaft in Spanien, wo sie sich augenblicklich auf den traurigen Umkreis (Recinto) von Cadiz und der Insel Leon beschränkt befinde, ihm gänzlich verloren gehe, zu berathen; doch mag vielleicht auch die großmüthige Ueberserdung von 38 Goldunzen (ungefähr 1160 Rthlr.) an den General Cabañas „zur Unterstützung der Wittwen seiner in den Actionen von Paraguay und Tacuary gefallenen paraguayischen Brüder" nicht ganz ohne Einfluß auf die Herzen der Officiere geblieben seyn. Genug, kaum hatte Belgrano mit seinen Truppen den Rückzug über den Paraná angetreten, so wurde in Asuncion am 14. und 15. März mit Unterstützung des Militärs unter der Anführung des Commandanten Pedro Juan Caballero eine sogen. friedliche Revolution ins Werk gesetzt, welche factisch auch hier der spanischen Herrschaft ein Ende machte, obgleich in die am 16. errichtete provisorische Regierung unter dem Vorsitze Caballero's noch der spanische Gouverneur Velasco neben zweien Paraguayos, dem Dr. Francia und Juan V. Zevallos, als Mitglied aufgenommen wurde. Eine durch diese Junta berufene

Volksversammlung billigte in ihren Sitzungen vom 17. bis 20. Juni die Maaßregeln der provisorischen Regierung und errichtete an deren Stelle eine aus 4 Mitgliedern (Fulgencio Dégros, Dr. José Gaspar de Francia, Pedro Juan Caballero, Dr. Francisco Bogarin) und einem Secretär (Bernardo de la Mora) zusammengesetzte Regierungsjunta, deren Functionen 5 Jahre dauern sollten und löste sich auf, nachdem sie ein Decret erlassen, in welchem als Hauptsache erklärt wurde, daß Paraguay sich unabhängig von der Junta von Buenos Aires regieren, daß es jedoch die freundschaftlichen Beziehungen mit Buenos Aires erhalten und einen allgemeinen Congreß mit Deputirten beschiden wolle. Von diesen Beschlüssen wurde durch den Dr. Francia der Junta von Buenos Aires officielle Mittheilung gemacht und darin besonders hervorgehoben, daß die Provinz keinen positiveren Beweis für ihren aufrichtigen Wunsch zum Anschluß an eine allgemeine Conföderation und zur Vertheidigung der gemeinsamen Sache des Königs Ferdinand VII. geben könne, als in der vorausgehenden Schilderung der Entstehung der Regierungs-Junta von Paraguay läge. Darauf beeilte sich die Junta von Buenos Aires, den Gen. Belgrano und den Dr. Vicente Anastasio Echevarria nach Paraguay abzuordnen, um über das angebotene Bündniß zu verhandeln und am 12. October 1811 wurde von diesen, dem Präsidenten und 2 Mitgliedern der Junta von Paraguay, unter denen Dr. Francia, zu Asuncion ein Tractat unterzeichnet, durch welche nach gewissen Vereinbarungen über Handels- und Zoll-Angelegenheiten und über die Grenzregulierung (in dem Gebiete der Missionen) die völlige Unabhängigkeit der Provinz Paraguay von derjenigen von Buenos Aires ausgesprochen, die gegenseitige Unterstützung gegen jeden Feind, der sich dem Fortschritte ihrer gemeinsten Sache und ihrer gemeinsamen Freiheit entgegenstellen würde, zugesagt und schließlich die aufrichtigsten Versicherungen für die immer engere Vereinigung der angeknüpften Bande zu einer innigen Verbrüderung (en dulce confraternidad) der Provinz Paraguay und der übrigen Provinzen des Rio de la Plata ausgedrückt wurden. Dieser Vertrag, welcher mit Ausnahme der Bestimmungen über die Grenze am 31. October von der Regierung von Buenos ratificirt wurde, hat später lange Zeit hindurch und namentlich unter Rosas zu Verwickelungen und Kämpfen zwischen Paraguay und der Argentinischen Conföderation Veranlassung gegeben, indem ersteres darin die Anerkennung der vollständigen Souveränität Paraguay's sah, während die letztere darauf ihr Recht, Paraguay zum Wiedereintritt in die Argentinische Conföderation zu zwingen, gründete.

Obgleich die Functionen der Mitglieder der Regierungsjunta auf 5 Jahre festgesetzt worden, so wurde doch schon nach kaum 2 Jahren ein „Allgemeiner Congreß" von 1000 Personen berufen, um über eine neue Regierung zu berathen. Das Hauptmotiv dazu war wohl die in Paraguay immer mehr hervortretende Tendenz nach vollkommener staatlicher Selbständigkeit, und ein Hauptförderer dieser Ideen war damals ohne Zweifel schon der Dr. Francia. Bereits in dem October-Tractat waren die Gegensätze in den materiellen und politischen Interessen zwischen Paraguay und Buenos Aires trotz der wärmsten Versicherungen für die innigste Verbrüderung nur schlecht verhüllt. Sie mußten um so mehr in Paraguay gefühlt werden, als in Buenos Aires sich damals schon bei einer Partei entschiedene Centralisations-Gelüste zu Gunsten der alten Capitale des Vice-Königreichs zu erkennen gaben und als im Verhältniß Paraguay seines verhältnißmäßig großen Umfangs und seiner geographischen Stellung wegen viel eher als eine der übrigen Provinzen des ehemaligen Vice-Königreichs daran denken konnte, sich von der alten, gleichmäßig verhaßten Supremaße der Provinz Buenos Aires völlig zu emancipiren. So erklärt es sich leicht, daß der Träger dieser in Paraguay wirklich nationalen Idee, der Dr. Francia, der dieselbe später vollständig, wenn auch auf seine eigenthümliche Weise verwirklichte, schon damals in Paraguay als der erste Staatsmann des Landes erschien. Der erwähnte Congreß trat am 1. October 1813 zusammen und erledigte seine Aufgabe sehr rasch, indem er Paraguay für eine unabhängige Republik erklärte und einen von Francia vorgelegten Verfassungsentwurf durch Acclamation annahm, dem zufolge der Congreß die Bürger D.

Fulgencio Yegros und Dr. José Gaspar de Francia zu Consuln erwählte und ihnen als erste und eigentlich alleinige Pflicht die auferlegte, mit allen thunlichen Mitteln die Republik zu erhalten, zu fördern und zu vertheidigen. Sonderbarerweise und wohl nur aus dem damaligen schon überwiegenden Einflusse Francia's, der principmäßig gegen jede Proclamation und gegen jeden Verkehr mit andern Staaten war, wurde über diese Constituirung Paraguay's zu einem selbständigen und unabhängigen Staate weder eine formelle Acte aufgenommen und proclamirt noch jemals darüber eine officielle Mittheilung an das Ausland gemacht, so daß die Unabhängigkeit Paraguay's eigentlich unbekannt blieb. Nur die Regierung von Buenos wurde davon insofern indirect unterrichtet, als ihrem nach Asuncion gekommenen Gesandten, der die Absendung von Deputirten Paraguay's zu dem nach Buenos Aires behufs der Sanctionirung einer Constitution der conföderirten Provinzen des Rio de la Plata berufenen Congreß betreiben sollte, von der neuen Consular-Regierung erklärt wurde, daß Paraguay an diesem Congreß nicht theilnehmen werde und den Octoberr-Tractat (weil die Regierung von Buenos Aires gleich nach dem Abschluß desselben Paraguay die nachgesuchte Unterstützung zur Ausrüstung von Truppen gegen die seine Grenzen bedrohenden Portugiesen verweigert habe) als aufgehoben betrachte.

Hatte Francia schon als Mitglied der Regierungs-Junta einen hervorragenden Antheil an den Regierungsgeschäften genommen, so wußte er nun bald dieselben eigentlich ganz in seine Hände zu bekommen, indem er bei jeder Opposition seines Collegen sich nach seinem Landhause zurückzuziehen pflegte, sicher, bald zurückgerufen zu werden, um seine Ansicht durchzusetzen, weil kein Talent und sein Ansehn für die Regierung durchaus unentbehrlich waren. Eine Zeitlang überließ er dabei dem ersten Consul alle Ehre und die Repräsentation. Bald indeß genügte ihm doch diese bloß factische Alleinherrschaft nicht mehr und als im October 1814 der Congreß zusammentrat, dessen Mitglieder ganz unter seinem Einflusse gewählt worden, wußte er durch die Vorstellung, daß bei der in den ehemaligen Colonien herrschenden Krise eine mit größerer Autorität ausgestattete Executive nothwendig sey, diesen zur Aufhebung der Consular-Regierung und zu seiner Ernennung zum Dictator auf 3 Jahre zu bestimmen. Ein abermals von ihm am 1. Mai 1816 in derselben Weise zusammengerufener Congreß erfüllte dann seinen letzten Wunsch und übertrug ihm die Dictatur auf Lebenszeit.

Wie Francia die ihm übertragene unumschränkte Gewalt vor Allem dazu benutzt hat, Paraguay von den übrigen Welt völlig zu isoliren, ist allgemein bekannt. Fast nicht weniger allgemein ist das verdammende Urtheil über die fast dreißigjährige „Schreckensherrschaft Francia's". Indeß um der Wahrheit die Ehre zu geben, muß man bekennen, daß es wenigstens bis jetzt noch nicht möglich ist, ein vollständiges und gerechtes Urtheil über diesen jedenfalls sehr merkwürdigen Mann und seine Stellung in der Geschichte zu fällen. Francia selbst hat dazu gar keine Papiere und Documente hinterlassen und was die veröffentlichten Berichte von Augenzeugen über seine Regierungshandlungen betrifft, so rühren dieselben theils von solchen Fremden her, welche, wie Rengger und Longchamp, unter dem Abschließungssysteme Francia's zu leiden gehabt und die Zustände Paraguay's nicht unbefangen beurtheilten, theils von solchen, denen es mehr darauf ankam, im Geschmack des großen Publikums ein Buch über den berüchtigten Tyrannen nach Hörensagen und landläufigen Anekdoten zu machen, als sich auf die Mittheilung ihrer sehr wenigen authentischen Nachrichten zu beschränken. Zu den letzteren gehörten namentlich, wie Carlyle's vernichtende Kritik ihrer Bücher dargethan hat, die Gebrüder Robertson, zwei junge schottische Kaufleute, welche eben durch die für den buchhändlerischen Erfolg allerdings sehr glückliche Wahl des Titels für ihr Buch (Francia's Reign of Terror) am meisten zu dem allgemeinen Glauben an diese Schreckensherrschaft beigetragen haben. [*]). Um wahr und unparteiisch zu seyn,

---

[*] Uebrigens fehlt es auch nicht an gleichzeitigen Berichten, die ganz anders lauten. So z. B. schrieb i. J. 1824 der Franzose Grandsire, der, um Bonpland zu befreien, nach Paraguay

muß man sich auf die Mittheilung der sehr wenigen Thatsachen beschränken, welche man mit Sicherheit über die Person und die Regierung Francia's kennt, und bei seinem Urtheil über den Charakter dieses Mannes und seiner Regierung unbefangen die Früchte seiner Wirksamkeit und die ethnologischen, geographischen und culturgeschichtlichen Verhältnisse des Landes in Betracht ziehen, welches den Schauplatz und das Object seiner Thätigkeit bildete.

Dr. José Gaspar de Francia, wie derselbe sich amtlich unterzeichnete, war nicht spanischer, sondern portugiesischer Abkunft. Sein Vater, Gaspar Rodrigues de Francia, war, wie es heißt, in der brasilianischen Provinz San Paulo geboren und mit anderen Einwanderern aus Brasilien von der auf die Erhöhung ihres Einkommens aus dem Tabacksmonopole immer sehr bedachten spanischen Regierung zur Uebersiedelung nach Paraguay veranlaßt, um dort die Cultur des brasilianischen Tabacks einzuführen und wurde dort in dem für die Cultur dieser Tabackssorte zunächst bestimmten, von Indianern bewohnten Districte von Maguaron zum Aufseher über die neu angelegten Tabacksplantagen und zum Intendanten des Districts-Hauptorts ernannt. Nach Rengger und Longchamp soll derselbe von Geburt ein Franzose gewesen und erst nach Portugal und von dort nach Brasilien ausgewandert seyn, und soll auch der Dictator gern davon gesprochen haben, daß französisches Blut in seinen Adern flösse. Doch wird dies durch nichts weiter verbürgt. Seinem Sohn Gaspar, der um das J. 1757 geboren war, bestimmte Rodrigues für die geistliche Laufbahn, welche damals noch in Paraguay die beste Aussicht auf Ehre und Einfluß gewährte, und wählte zu seiner Ausbildung den besten Weg, indem er ihn auf die damals noch in großem Rufe stehende Universität von Córdova schickte, welche seit der Vertreibung der Jesuiten unter der Leitung der Franciscaner stand. Obgleich aber dieser Ruf Córdova's, welcher damals noch einige wirkliche Gelehrte unter den Professoren zählte, den übrigen Universitäten gegenüber wohl begründet war, so war doch auch zu Córdova die Universitätseinrichtung ganz die mittelalterliche geblieben und hatte in der Mittheilung der Wissenschaften gar keine Fortschritte gemacht, so daß für die scholastische Theologie ein vierjähriger Cursus bestand. Die so vorgetragene Theologie konnte aber einen offenbar mit kritischem Scharfsinne begabten Geist, wie den Francia's, nicht anziehen und befriedigen, zumal er wahrscheinlich damals schon von den Lehren der französischen Encyclopädisten und denen Voltaire's und J. J. Rousseau's, deren Schriften einzeln schon um die Zeit Eingang in die spanisch-amerikanischen Colonien gefunden hatten, zu kosten angefangen hatte. Francia ging deshalb zum Studium der Jurisprudenz über, neben welcher er aber, so weit das damals in Córdova möglich war, auch eifrig Naturwissenschaften und besonders Physik trieb. Ueber seinen weiteren Lebensgang wissen wir nichts Bestimmteres bis zu der Zeit, wo er in Asuncion an den politischen Angelegenheiten Antheil zu nehmen anfing, als dort der erste Anstoß zum politischen Leben durch die Aufforderung der Junta von Buenos Aires, sich ihren Bestrebungen anzuschließen, gegeben worden war, und wo Francia damals zwar in großer Zurückgezogenheit lebte, aber doch allgemein nicht nur als sehr gebildeter, sondern auch als äußerst rechtschaffener Sachwalter in großem Ansehn stand und überdies den Ruf eines großen Gelehrten genoß, da er eine kleine, auch mit neueren älteren und neueren französischen Werken ausgestattete Bibliothek und einige physikalische Instrumente, Globen und Landcharten besaß und seine nicht von Berufsgeschäften in Anspruch genommene Zeit ganz der Lectüre und physikalischen Experimenten zu widmen

gegangen, und dessen Urtheil wohl nicht für Francia eingenommen war, da er sich gleichzeitig darüber beklagt, daß dieser ihm die Durchreise durch Paraguay nicht gestattet habe, an Al v. Humboldt: "Doch bin ich es der Wahrheit schuldig, zu sagen, daß nach Allem, was ich hier sehe, seit 22 Jahren die Einwohner von Paraguay unter einer guten Administration der glücklichsten Ruhe genießen. Der Contrast mit den Ländern, die ich bisher durchstrichen, ist überaus auffallend. Man reist in Paraguay ohne alle Basen, die Thüren der Häuser sind kaum verschlossen. Bettler sieht man gar nicht, alle Menschen arbeiten."

pflegte. Und in der That ist Francia, so beschränkt auch der Umfang seiner Studien gewesen seyn mag, doch wohl einer der gelehrtesten Männer in seinem Vaterlande gewesen. Seine Studien schienen ihn aber, eben so wie seine Erfahrungen an den Menschen nur zur Geringschätzung der menschlichen Persönlichkeit und zu einer seinem natürlichen Temperamente und einem von ihm offen bekannten kalten Deismus entsprechenden düsteren, liebeleeren Weltanschauung geführt zu haben, welche nur das strenge Gesetz in Natur und Geschichte als das Nothwendige und allein zur Herrschaft Berufene anerkannte.

Francia war ohne Zweifel eine rein despotische Natur und seine Regierungsweise eine Despotie reinster Art. Allein er war zugleich, wie dieß auch selbst von Allen, welche seine Regierung am schärfsten verurtheilt haben, anerkannt worden, ein Mann von unbestechlicher Rechtlichkeit, die Ungerechtigkeit hassend, ohne Habsucht und strenge gegen sich selbst, wie gegen Andere. Er hat seine unbeschränkte Macht nie dazu angewendet, Reichthum zu erwerben, weder für sich noch für seine Familie oder für Günstlinge, die er nicht hatte, noch auch um sich Lebensgenüsse zu verschaffen. Sein Leben blieb, als er den Gipfel der Macht erstiegen, eben so frugal und genußlos wie das des zurückgezogen lebenden Advokaten von Asuncion. Nur seine Arbeit steigerte er mit der Steigerung seiner Macht, und er war in der That ein Mann von eisernem Fleiße sein Lebelang. Er hatte nur einen Ehrgeiz, die unumschränkte Herrschaft und als Ziel derselben die Besiegung der Revolution und die nationale Unabhängigkeit und Einheit seines Vaterlandes um jeden Preis, selbst auf Kosten aller Freiheit. Und er hat sein Ziel erreicht, freilich um sehr hohen Preis, aber doch fragt es sich noch, ob selbst dieser Preis — das Opfer der Freiheit — zu hoch gewesen, wenn man die Zustände Paraguay's unter Francia mit den gleichzeitigen Zuständen in den übrigen Republiken des spanischen Amerika's vergleicht, wo das höchste Ziel die Freiheit seyn sollte und —welches, wie ein berühmter englischer Historiker, Thomas Carlyle, es drastisch ausdrückt, todte und raste gleich einem einzigen ungeheuren tollgewordenen Hundestall, während Paraguay Frieden hatte und seine Thierbäume pflegte."

Freilich hat Francia sein Ziel, seine Mission, an welche er glaubte und für die er allein gelebt hat, nicht blos mit sanften Mitteln durchgeführt. Ein sanftes, leutseliges Wesen war überhaupt nicht seine Art. Er war immer ein zurückhaltender, verschlossener Mann, der selbst im Gewühle der Menschen einsam blieb. In der Verfolgung seines Hauptziels war er strenge, oft hart, selbst bis zur Grausamkeit, aber er handelte wie alle despotischen Naturen, die sich eine hohe politische Aufgabe vorgesetzt haben, in dem guten Glauben, daß man zur Erreichung seines guten Zweckes auch die erforderlichen Maaßregeln anwenden müsse, möge dabei auch oft Gewalt vor Recht ergehen, und wer darf ihn deshalb, zumal in unserer Zeit, als einen blutdürstigen Tyrannen verurtheilen? Er duldete keine politische Opposition, er erkannte keine Berechtigung irgend einer anderen Macht neben der seinigen an, machte daraus aber auch kein Hehl; die Heuchelei, welche ein sanftes, liebliches Wort für Alles hat, auch für das Schrecklichste, war ihm fremd. Politische Vergehen und Verbrechen wurden auf das Strengste bestraft, oft sogar in grausamer Weise und auch manches unschuldige Opfer mag gefallen seyn, da schnelle Bestrafung, auch wohl ohne alle Voruntersuchung, seine Maxime war. Die Strafe sollte dem Verbrechen auf dem Fuße nachfolgen, um einen heilsamen Schrecken zu verbreiten und Andere von ähnlichen Vergehen abzuhalten. Seine Ankläger rechnen ihm nach, daß unter seiner Herrschaft, d. h. in beinahe 30 Jahren, über vierzig Personen wegen politischer Verbrechen hingerichtet, füsilirt, worden sind. Abgesehen davon, daß das doch nur eine sehr kleine Zahl ist im Vergleich zu denjenigen der politischen Opfer, welche der Anarchie und der Tyrannei der wechselnden Häupter in der Argentinischen Republik in derselben Zeit gefallen sind, muß auch bemerkt werden, daß die größte Zahl der politischen Opfer unter Francia auf die Zeit unmittelbar nach der Entdeckung einer lange vorbereiteten Verschwörung fiel, welche unter der Führung des reichen Grundbesitzers und Exconsuls Fulgencio Yegros im Complott mit dem General Ramirez, dem an seiner

Chef Artigas zum Verräther geworbenen argentinischen Freibeuter, angezettelt, die Ermordung Francia's und die Ueberlieferung des Landes an die Fremden bezweckte und welche durch einen Brief an Degros entdeckt ward, der bei Ramirez gefunden wurde, als dieser bei dem Verfuche, mit Gewalt in Paraguay einzufallen, fiel. In Anlaß dieser Verschwörung sollen während zweier Jahre über 40 Personen hingerichtet und außerdem noch viele mit Einkerkerung und Ausweisung bestraft worden sein, und diese 2 Jahre, in welchen für Francia aber die Aufrechterhaltung seiner Herrschaft eine „Existenzfrage" für Paraguay geworden war, sind der Zeitraum, über welchen die eigentliche „Schreckensregierung" sich erstreckte. „Nachdem aber in Folge dieser Radicaltur", wie der schon erwähnte berühmte und in der Beurtheilung von zweckwidrigen Regierungsmaximen jetzt wohl ziemlich allgemein als competent geltende Geschichtsschreiber Friedrichs des Großen sich ausdrückt, „die Complotte aufgehört hatten, zeigte sich, wie es scheint, während der nächsten zwanzig Jahre von einer solchen Kur wenig oder nichts mehr, weil sie wenig oder gar nicht mehr nöthig war. Die „Schreckensregierung" war, wie man allmählich findet, eigentlich nur eine strenge Regierung, die freilich schrecklich genug werden konnte, wenn man ihre Gesetze übertrat, übrigens aber ganz friedlich und regelmäßig war."

Um aber Francia's Regierungssystem zu begreifen, muß man nicht vergessen, auf welcher Grundlage, mit welchem Material und unter welchen politischen Zuständen der umgebenden Länder Francia seinen „National-Staat Paraguay" aufbauen mußte. Er fand eine Bevölkerung vor, die selbst in Vergleich mit den in der Cultur sehr zurückgebliebenen und sehr wenig an jede Art wirklicher Arbeit gewöhnten Bewohnern des übrigen spanischen Amerika's uncultivirt und indolent erschien. Ein bedeutender Theil der Bevölkerung bestand aus den Indianern der ehemaligen Missionen der Jesuiten, in welchen nach der Vertreibung der Väter von allen ihren zum Theil vortrefflichen Einrichtungen nur die zurückgeblieben war, welche, indem sie den Grund und Boden als Eigenthum der Communen betrachtete, auf welchem der Einzelne nur für die Gesammtheit arbeitete, den Indianern den Erwerb eigenen Vermögens verbot und damit den größten Reiz zur Thätigkeit und selbständigen Arbeit vorenthielt. Diese Gemeinden waren nach dem Aufhören der väterlichen Regierung der Väter unter den ihnen folgenden staatlichen Administratoren auf das Schändlichste ausgebeutet worden und versanken jetzt immer tiefer in Armuth und Faulheit. Von der übrigen Bevölkerung theilte der größte, mit indianischem Blute stark gemischte Theil die Passivität und Indolenz der indianischen Race und vielleicht bis auf die Hauptstadt, wo allein ein mit wenigen Rechten bestehender Cabildo (Municipalrath) existirte, war die ganze Bevölkerung gewohnt, von einer im Ganzen zwar milden und nachsichtigen, aber doch unbeschränkten Verwaltung regiert zu werden und zu jeder neuen Arbeit den Impuls von der Regierung zu erhalten. Das Hauptgewerbe des Landes, der Ackerbau, befand sich in völliger Kindheit, die Bevölkerung beschränkte sich auf den Gibau des geringen eigenen Bedarfs, der bei der Ausdehnung der fruchtbaren Länderreien mit sehr geringer Arbeit erzielt wurde. Und diese im Ganzen durchaus mehr passive als zum energischen Handeln geneigte, rein ackerbauende Bevölkerung war umgeben im N. und O. von einer Bevölkerung anderer Nationalität, der portugiesischen, welche seit Jahrhunderten ihr Gebiet auf Kosten der spanischen zu erweitern getrachtet hatte, im W. durch tapfere, immer zu räuberischen Invasionen geneigte, wilde Indianerhorden, im S. endlich durch eine Bevölkerung von zwar verwandter Nationalität, die aber durch ihre Hauptbeschäftigung, die Viehzucht im Großen, und durch ihre Vermischung mit Indianern einer viel lässigeren und unternehmenderen Race, als es die Guaranis von Paraguay waren, in ihrer Lebensweise zum wahren Gegensatze des indolenten, seßhaften, ackerbauenden Paraguayo geworden war, zu einem kühnen, abenteuerlustigen Reitervolke, unter welchem die ersten Schritte zur unabhängen staatlichen Constitution gleich zur völligen politischen Anarchie und zu blutigen Parteikämpfen geführt hatten, welche auch wiederholt Paraguay in ihren Strudel hineinzuziehen drohten. Um zunächst gegen diese Gefahren von Außen Paraguay sicher zu stellen, isolirte Francia das Land

vollkommen. Gegen die räuberischen Indianer im N. und W. umgab er das be-
wohnte Gebiet von Paraguay mit einer Linie von Militärposten (Guardias); am R.
Paraná und am Paraguay wurden ebenfalls befestigte Punkte errichtet, um die Schifffahrt auf diesen Strömen und den Eingang in das Land zu beaufsichtigen und überdies wurde aller und jeder Verkehr nach Außen untersagt, um die nationale Entwicklung vor jeder Ansteckung mit der Revolution zu bewahren, so daß nur ausnahmsweise und nur auf besondere Erlaubniß des Dictators, dann und wann einzelne
Fremde ins Land hereingelassen und solche, welche die Grenze überschritten hatten,
wieder hinausgelassen wurden. Im Lande selbst führte er das allerstrengste Polizei-
system ein, so daß jeder irgend etwas einflußreichere Bewohner unter beständiger Po-
lizeiaufsicht stand und mit Hülfe einer streng gehaltenen und gut gekalteten Militärmacht, auf deren Errichtung Francia von Anfang an bedacht gewesen war, überall
jede Opposition gegen das Regiment und System des Dictators gleich unterdrückt und
bestraft werden konnte. Eine Anzahl durch Opposition oder durch ihre Unzufrieden-
heit dem System Gefahr drohende Familien aus den gebildeteren und einflußreicheren
Ständen wurde exilirt und ihre Güter zum Besten des Staates eingezogen; doch geschah dies öfter nur zu Anfang der Dictatur, später war die Furcht vor der Regierung so groß, daß von politischen Angelegenheiten im Lande fast gar nicht mehr gesprochen und selbst der Name des Dictators nur mit größter Vorsicht in den Mund
genommen wurde. Diesen Verbannungen gegenüber ist aber auch zu bemerken, daß
Paraguay unter Francia zahlreichen Familien als Asyl gedient hat, welche durch den
Bürgerkrieg aus den übrigen La Plataländern vertrieben wurden und in Paraguay
auch von Seiten der Regierung gastfreie Aufnahme fanden, wie u. a. der erwähnte
argentinische Bandenchef Artigas.

Die Staatsverwaltung wurde von Francia wie die Administration einer großen
Domäne eingerichtet und geführt. Alles ging von ihm selber aus, alle Geschäfte gingen durch seine Hand und wurden ohne einen eigentlichen Regierungsapparat, ohne
alle Centralbehörden ausgeführt. Francia hatte weder Minister noch Staatssecre-
täre, sondern nur Schreiber, durch welche seine Anordnungen und Befehle an die
einzelnen Verwaltungsbeamten ausgingen, und nachdem erst alle Reibungen in der
Maschine durch Unterrückung jeder Opposition im Staate aufgehört hatten, ging die
Maschine beinahe allein ihren trägen Gang fort, so daß zuletzt eigentlich eine gewisse Selbstregierung des Landes stattfand und der Einzelne von der Staatsregierung
gar nicht belästigt wurde, wenn er regelmäßig seine Steuern bezahlte und die ihm für
den Staat auferlegten Dienste leistete. Nur kann und wann erhielt die Maschine einen neuen Anstoß von Oben herab, wenn „zum Besten des Staates" eine neue
Maaßregel eingeführt wurde, wie z. B. als im J. 1822, wo durch eine Heuschrecken-
plage die ganze Ernte vernichtet war und bei dem Mangel alles auswärtigen Handels
eine Hungersnoth bevorstand, der Dictator bei schwerer Strafe decretirte, in ganz
Paraguay einen gewissen Theil der Felder aufs Neue zu besäen, wovon denn die Folge
war, daß eine ganz leidlich gute zweite Ernte in demselben Jahre erzielt wurde und
die Paraguayos die Entdeckung machten, daß in Paraguay jedes Jahr zwei Ernten
möglich seyen. Auch in anderer Weise strebte Francia den Ackerbau zu heben, freilich wieder zum Theil auf seine Weise, indem er z. B. den einzelnen Grundbesitzern
vorschrieb, gewisse Producte nach einer gewissen Art von Fruchtfolge zu bauen, und
hat im Ganzen der Ackerbau unter seiner Herrschaft einen bedeutenden Aufschwung genommen, namentlich der Bau von Baumwolle. Ebenso sorgte er für Verbesserung
der Handwerke, wo er aber auch wieder so ins Detail ging, daß er z. B. für ab-
gelieferte schlechte Arbeit zum Theil strenge Strafen verhängte. Ein reges Interesse
bewies er der Hebung der Viehzucht und verdankt ihm das Land die erste Anlage
großer Haciendas für die Zucht von Pferden und besonders von Hornvieh nach ar-
gentinischer Weise auf den früher fast unbenutzten Staatsdomänen, wobei er freilich
noch ein besonderes Interesse hatte, nämlich die Versorgung seiner Truppen, die von
diesen Haciendas aus geschah und die ihm sonst außer für ihre Equipirung nichts

koſteten, da ſie ohne Sold dienen mußten. Dagegen unterdrückte er vollſtändig den auswärtigen Handel und was er davon übrig ließ, monopoliſirte er zum Beſten der Staatsfinanzen. Um durch dieſen auswärtigen Handel nicht den Verkehr mit der Argentiniſchen Republik zu eröffnen, beſtimmte er die ehemalige Miſſion Itapua am Parana (jetzt Villa de la Encarnacion) zum alleinigen Stapelplatz für den auswärti= gen über Braſilien zu führenden Handel, für deſſen Betrieb aber nur gewiſſen, ihm perſönlich als politiſch unbeſcholten bekannten Perſonen Licenzen gegeben wurden, die er jedesmal ſelbſt ausfertigte und die mit ſchwerem Gelde bezahlt werden mußten, wodurch ebenſo wie durch die hohen Zölle dem Staate ein Haupttheil ſeiner Ein= künfte zufloß.

Für das Unterrichtsweſen hat Francia etwas durch Errichtung einiger Schulen, im Ganzen jedoch ſehr wenig gethan; deſto mehr dagegen für die ſogen. „religiöſe Aufklärung" des Volkes durch Unterdrückung des „verdummenden" Einfluſſes der Geiſtlichkeit. Eine ſeiner erſten Maaßregeln war die Aufhebung der Klöſter und die Einziehung der Kirchengüter zum Beſten des Staates, da in Paraguay keine Faullen= zer zu dulden ſeyen. Er konnte keine Autorität neben der des Staates dulden, auch nicht die kirchliche. Den alten, allgemein geachteten Biſchof von Aſuncion, einen Spanier von Geburt, ſchickte er ins Gefängniß und nun verfuhr er der Kirche ge= genüber, als wenn er ſelbſt Papſt wäre, weshalb das Urtheil des gegenwärtigen Papſtes merkwürdig iſt, der nach den Berichten, welche er in der Argentiniſchen Re= publik bei ſeiner Durchreiſe als päpſtlicher Delegat nach Chile i. J. 1824 über Francia hörte, dieſen als einen außerordentlichen Mann ſchildert, „der nur die öffentliche Wohl= fahrt, die gute Adminiſtration und den Reichthum des Staates erſtrebe und der von Allen geliebt und als Vater des Vaterlandes verehrt werde." — Francia's Verfolgung der Kirche wurzelte aber eigentlich in einem tiefen Haſſe gegen die geoffenbarte Reli= gion überhaupt, als liebloſer Deiſt hielt er auch für das Volk alles Chriſtenthum für unnöthig und ſchädlich. Deshalb färbte er ſelbſt in den wenigen Kirchen, die er offen ließ, die Zeit und die Art der Ceremonien vor, unterſagte die kirchlichen Feſte und Feierlichkeiten, begünſtigte das Aufhören der kirchlichen Trauungen, er= ſchwerte die Ausbildung neuer Geiſtlichen, ließ die Kirchen verfallen und plünderte und zerſtörte mehrere der ſchönſten Kirchen des Landes aus der Zeit der Jeſuiten. So war Francia, den man mitunter als einen heimlichen Jeſuiten dargeſtellt und in dem man durch dieſen auf der Geſchichte Paraguay's auf ihn übergegangenen jeſuiti= ſchen Geiſt alle Schlechtigkeiten erklären zu können meinte, gerade das Gegentheil ei= nes Jeſuiten. Nur das Regierungsſyſtem der Jeſuiten in ihren Miſſionen eignete er ſich inſofern an, als dieſes auch alle individuelle Entwickelung ausſchloß. Sein Re= gierungsſyſtem war das der Jeſuiten, aber ins Weltliche überſetzt. Für ihn war Al= les erlaubt, aber nicht ad majorem Dei, ſondern Reipublicae gloriam.

Es mußte hier Francia und ſein Regierungsſyſtem etwas näher betrachtet wer= den, um einen Begriff davon zu geben, wie die von ihm begründete Republik Pa= raguay angelegt iſt und in welchem Zuſtande ſich das Land befand, als Francia am 10. Sept. 1840 einſam, wie er gelebt, über 80 Jahre alt, an der Waſſerſucht ſtarb.

Mit dem Tode Francia's, der, ein wahrer Autokrat, alle Zweige der Verwal= tung, wie der Geſetzgebung in ſich concentrirt hatte, befand ſich das Land plötzlich ohne alle Regierung, ja ſogar ohne alle Regierungs-Organe. Sehr auffallen muß es auf den erſten Blick, daß nun nicht auch in Paraguay ein Säbelregiment eintrat, da das Militär die einzige von Francia ausgebildete und mit Vorliebe gepflegte In= ſtitution war und in franzöſiſchen Süd-Amerika ſonſt überall ohne Ausnahme das Mi= litär das der Ordnung am meiſten verderbliche Streben gezeigt hat, die Regierungen einzuſetzen und zu ſtürzen ohne die Meinung und den Willen der Mitbürger zu be= fragen, ſondern allein nach dem Willen der Chefs dieſer oder jener Faction, mit de= nen es ſich abfand. In Paraguay dagegen haben die Männer vom Säbel bei der erſten vorkommenden Gelegenheit und zwar der außerordentlichſten, die man ſich nur denken kann, nicht das Recht uſurpirt, die oberſte Gewalt zu ſchaffen und einzuſetzen.

Allerdings nahm auch in Paraguay in so fern das Militär Antheil an der Einsetzung einer neuen Regierung, als es die Regierungsjunta, zu welcher zuerst in Asuncion fünf Personen, freilich ganz unberufen, zusammengetreten waren, nicht anerkannte, sondern gewaltsam stürzte. Allein zur Einsetzung der neuen Regierung rief es die Mitwirkung des Volkes an und zog dazu die Meinung und das Votum des Landes zu Rathe, um sich der Autorität zu unterwerfen, welche der Gesammtwille erwählen werde. Ein Offizier, der die Leitung in die Hand genommen, Mariano Roque Alonzo, und der einen angesehenen Grundbesitzer, Carlos Antonio Lopez, sich als Secretär einer Art provisorischer Regierung zur Seite gestellt hatte, berief einen Congreß, der sich am 12. März 1841 zu Asuncion versammelte. Dieser Congreß, aus 500 Mitgliedern bestehend, die durch allgemeine und direkte Wahlen gewählt worden, berieth sich, nachdem er den Secretär Lopez zum Präsidenten ernannt, dem ersten Bedürfnisse des Landes entgegen zu kommen, nämlich eine Autorität, welche die Sache des Landes und seine Administration in die Hand nähme, zu schaffen. Auf den Vorschlag des Präsidenten wurde unverzüglich eine Regierung, bestehend aus zwei Consuln auf drei Jahre gewählt, diesen aber keine andere Verpflichtung auferlegt, als die, die Unabhängigkeit und die Integrität der Republik zu wahren, dies mußten sie vor dem Antritt ihres Amtes beschwören. Zu Consuln wurden aber Mariano Roque Alonzo und Carlos Antonio Lopez erwählt und damit glaubte der Congreß auf einmal seine Aufgabe erfüllt zu haben und fügte er dem Mandate für die erwählten Consuln nichts weiter hinzu, als die Empfehlung der Förderung des öffentlichen Unterrichts, »in allem Andern auf die Rechenschaft, die Gewissenhaftigkeit und die Einsicht seiner Consuln sich verlassend.« —

Dieser Congreß verfuhr also ganz so wie der erste »Allgemeine Congreß der Republik Paraguay« i. J. 1813 (s. S. 1175), und ist dies, noch mehr aber, daß ein Volk, eben von der drückendsten Tyrannei eines Dictators erlöst, sich unmittelbar darauf wieder ganz freiwillig und vertrauensvoll einer anderen Dictatur hingiebt, wohl ein merkwürdiges Exempel, welches unerklärlich seyn würde, wenn man nicht annähme, daß es mit der Tyrannei Francia's sich doch nicht so verhalten hat, wie gewöhnlich angenommen wird und daß im Ganzen und Großen sein Regierungssystem den nationalen Eigenthümlichkeiten, Bedürfnissen und Wünschen der Paraguayos entsprochen haben muß. Und in der That hatte Francia einen Staat geschaffen, der sich freilich in unsere gewöhnliche Classification der Staatssysteme nicht wohl einregistriren läßt, der aber doch, wie die bisherige Geschichte von Paraguay bewiesen hat, lebens- und entwicklungsfähig war.

Schon, daß das Land in jener Zeit gerade die rechten Männer zur Leitung der Staatsangelegenheiten zu finden wußte, welche dasselbe aus dem Interim ohne alle Erschütterung hinüberzuleiten verstanden, zeigt, daß der Despotismus Francia's doch nicht eine Tyrannei ohne reelle Früchte für die nationale Entwickelung der Bevölkerung gewesen. Die neue consularische Regierung ging aber von Anfang an mit vielem Tacte und mit großer Umsicht zu Werke, was sich zunächst schon darin zeigte, daß, obgleich mit ganz identischen Rechten und Befugnissen ausgestattet, doch der eine der beiden Consuln und zwar der militärische, ein Mann von gesundem Menschenverstande und von Ehre, aber in Verwaltungsgeschäften ganz unerfahren, freiwillig die administrative Superiorität seines Collegen anerkannte und demselben immer nachgab. Die Schwierigkeiten der Lage waren aber groß. Alle Organe der Verwaltung waren erst zu schaffen, denn Alles, hohe und niedere Polizei, Justiz, Finanzen, Krieg, geistliche Angelegenheiten, war von dem Dictator absorbirt. Kein Mensch hatte darin irgend eine Uebung, irgend eine Routine, weil der Dictator Alles selbst gemacht hatte, allein noch seinem Willen und seinem Gutdünken. Inmitten dieser Schwierigkeiten trat das neue Gouvernement frisch ans Amt mit Energie, aber ohne Ostentation. Statt das Gedächtniß des Dictators zu schmähen, erlaubte es keinen öffentlichen Tadel noch eine Verläumdung desselben. Statt mit Proclamationen und pomphaften Versprechungen hervorzutreten und sich den Theorien und Doctrinen eines ausschweifenden Liberalismuß hinzugeben, die man in der Praxis doch bald hätte verlassen müssen, anstatt abstracte Menschen- und Bürgerrechte in einer nach fremden Mustern copirten Constitution aufzustellen, womit die revolutionären Republiken der Schwester-Republiken immer angefangen haben, fängt die Regierung von Paraguay damit an, im Stillen nützliche Reformen und neue nothwendige Institutionen einzuführen. Zuerst giebt die Regierung die große Zahl der politischen Gefangenen, die sich beim Tode des Dictators auf 600 belaufen haben sollen, frei und sucht so viel wie möglich die harten Strafen, welche wegen politischer Vergehen verhängt worden waren, wie Güterconfiscationen, schwere Geldbußen u. f. w., durch welche viele Familien zu Grunde gerichtet worden, zu ersetzen. Um die oberste Regierung von einer Masse minutiöser Details zu befreien, richtet sie ein Departement der Polizei und der Justiz ein, deren Befugnisse, Verfahren u. f. w. durch ein Reglement geordnet wurden und als das geltende bürgerliche Gesetz bestimmt sie, was am meisten ihren richtigen Tact beweist, das spanische Gesetzbuch. Darauf ordnet die Regierung das Finanz- und Militärwesen durch Errichtung eines Schatz-Amtes (Tesoreria) und eines Kriegs-Commissariats (Comisoriato de Guerra) und wendet dem öffentlichen Unterrichte so wie der Ordnung der kirchlichen Verhältnisse ihre besondere Aufmerksamkeit zu (f. S. 1171). Ohne mit dieser Thätigkeit zu prahlen, wurden alle diese Einrichtungen von der Regierung nur als „provisorische" bezeichnet, als „die nothwendigen Versuche, die administrative Ordnung in ein regelmäßiges Geleise überzuführen". Zugleich aber öffnete die Regierung den Bewohnern von Paraguay wieder die übrige Welt, von der sie dreißig Jahre lang abgeschlossen gewesen, indem sie gleichzeitig mit dem freien Verkehr im Innern auch wieder den Verkehr mit dem Auslande erlaubte, und obgleich für den letzteren zuerst ein auf das Schutzzoll-System gegründeter hoher Zolltarif gegeben wurde, der erst 1846 einem freieren Tarif Platz machte, so kamen doch bald die und da kleine Capitalien, die man ganz verschwunden glaubte, wieder zum Vorscheine, und Verkehr, Thätigkeit und Unternehmungsgeist erwachten wieder, denen man auch durch Eröffnung neuer Straßen und Ausbesserung alter verfallener zu Hülfe kam. In den Districten der Villa del Rosario und im Departement San Estanislao, wo viele Estancias vorhanden waren, die aber oft durch anhaltende Dürren ungeheure Verluste erlitten, ließ die Regierung Bewässerungscanäle eröffnen und unter die armen ländlichen Bewohner mehrerer Districte uneigennützlich Rindvieh zur Zucht vertheilen. Um die Nordmarken des Landes am Paraguay besser gegen die Einfälle der Indianer, durch welche namentlich die Stadt Concepcion sehr gelitten, zu schützen, wurde zum Schutz dieser Stadt und der dortigen reichen und fruchtbaren Ländereien die von den Indianern zerstörte Villa S. Salvador am Paraguay oberhalb Concepcion wieder hergestellt und alle Furten (Passos) des Rio Apa durch eine Kette kleiner Forts gedeckt. Maaßregeln, durch welche Concepcion sich rasch wieder hob. Endlich ist auch noch anzuführen, daß die Regierung, um der Sklaverei ein allmähliches Ende zu machen, die Einführung neuer Sklaven verbot und die fortan von den noch vorhandenen Sklaven, deren es glücklicherweise nur etwa 1000 in dem ganzen Gebiete der Republik gab, geborenen Kinder für frei erklärte, wodurch gegenwärtig die Sklaverei bereits fast ganz aufgehört hat.

Als beim Ablaufe der 3 Jahre, für welche die consularische Regierung eingesetzt worden, der zweite ordentliche Congreß der Republik i. J. 1844 zusammentrat, konnte Lopez in seiner Botschaft an den Congreß mit einiger Genugthuung auf die errungenen Fortschritte zurückblicken und vertrauensvoll den ersten Schritt zur gesetzlichen Regulirung der Verfassung des Landes thun, indem er einen Gesetzentwurf dem Congresse vorlegte, welchen man als eine Art Constitution ansehen kann, durch welche auch die executive Gewalt noch mehr concentrirt und in die Hände eines Präsidenten der Republik gelegt wurde. Dies Gesetz wurde von dem Congresse einfach angenommen und zum Präsidenten der Republik der bisherige Consul Carlos Antonio Lopez gewählt. Dies Gesetz, welches i. J. 1844 zu Asuncion unter dem Titel: Ley que establece la Administracion politica de la República del Paraguay y demas que en ella se continue in 4. gedruckt und auch als eine der ersten Publicationen der erst von Lopez in Paraguay eingeführten Presse bemerkenswerth ist, soll, obgleich in anderen Theilen unvollkommen, doch den sittlichen und socialen Zuständen des Landes vollkommen entsprochen haben, wir dies eine l. J. 1848 zu Rio de Janeiro erschienene sehr gründliche Schrift über Paraguay bezeugt, deren ungenannter Verfasser, ohne Zweifel wohl der schwedische Naturforscher Mosenstiöld, 6 Jahre lang in Paraguay gelebt hatte. „La Paraguay", schließt dieser offenbar gut unterrichtete Berichterstatter seine Betrachtung über die Verfassung dieses Landes, „das, allerdings etwas theuer bezahlte Glück gehabt hat, dem gewaltsamen und plötzlichen Uebergange von der Bevormundung zur ungezügelten Freiheit zu entgehen, und da die Vorsehung ihm das noch günstigere Geschick gewährt hat, eine Regierung zu besitzen, welche Fähigkeit, guten Willen und die entschiedene Tendenz bethätigt hat, die Nation auf die Bahn dieser vorläufig nothwendigen oder besser gesagt unumgänglichen Lehrzeit zu führen, so müssen wir der Vorsehung danken und der Humanität Glück wünschen wegen einer Fügung, welche zugleich diesem Theile Südamerika's die Calamitäten ersparte, durch welche alle anderen Theile gegangen sind, und der Welt den thatsächlichen Beweis geben wird, was der sluienweise und besonnene Fortschritt, zu welchem die Regierungen das Getriebe lenken, werth ist und hervorbringen kann. Möge doch Paraguay in der weisen und vorsichtigen Bahn, in die es eingetreten, beharren, denn sie wird dem Lande den Vorsprung vor den übrigen Republiken in der Einrichtung einer umfassenden und soliden öffentlichen Freiheit geben."

Dies Urtheil über Paraguay lautet freilich ganz anders als das allgemein verbreitete, welches sich vornehmlich auf die Berichte der Gebrüder Robertson und die in neuerer Zeit in der europäischen, zumal der englischen und der deutschen Presse fast allein vertretenen Stimmen der Anhänger der zum Untergange des gegenwärtigen Paraguay's geschlossenen Tripel-Allianz von Brasilien, der Argentinischen und der Orientalischen Republik gründet. Wir aber müssen uns entschieden mehr zu jenem günstigen Urtheile über Paraguay hinneigen und auch, obgleich wir damit augenblicklich sehr allein stehen werden, das Bekenntniß hinzufügen, daß im Ganzen und Großen der Wunsch, mit dem unser bezeichneter Berichterstatter seine damalige Betrachtung über die Zustände Paraguay's schließt, bis jetzt wirklich in Erfüllung gegangen ist. Paraguay hat seitdem stetige und sehr bedeutende Fortschritte in der geistigen wie in der materiellen Cultur, vorzüglich aber in der letzteren gemacht und eine nationale Kraft erreicht, die bis jetzt weder durch die vereinte Waffenmacht der genannten, über ungleichlich viel größere Hülfsmittel gebietenden alliirten 3 Staaten, noch durch die, wie es scheint, neuerdings systematisch betriebenen Versuche, in Paraguay die Revolution gegen die Regierung zu Hülfe zu rufen, hat gebrochen werden können.

Allerdings muß man anerkennen, daß in Paraguay bisher der Fortschritt mehr durch die Persönlichkeit der Führer der Regierung als durch die Institutionen getragen worden ist, und daß diese allein stabil seyn können, während jene vorübergehend sind. Aber abgesehen davon, daß überhaupt alle wahrhaft schöpferischen Ideen immer nur von Persönlichkeiten ausgehen, werden in Süd-Amerika noch lange Zeit die persönlichen Einflüsse über die Gesetze, die Institutionen und die öffentlichen Angelegenheiten das Uebergewicht behalten. Wenn die Völker in Bewegung gekommen sind, wenn sie plötzlichen Veränderungen und Wechseln unterworfen werden, so sind die Gesetze und Institutionen eben so transitorisch wie die Personen. Deßhalb ist es für Paraguay so wichtig gewesen, daß die leitenden Persönlichkeiten seit der Constituirung der Republik so wenig gewechselt haben, wie in keinem einzigen anderen Staate Amerika's und auch der Wechsel der Personen nie ein radikaler Wechsel des Regierungssystems gewesen ist. Seit 1813 bis zur Gegenwart ist nur zweimal ein Wechsel der Regenten eingetreten und beide Male hat der Nachfolger die Traditionen seines Vorgängers respektirt.

Der Präsident Carlos Antonio Lopez ist bis zu seinem Tode an der Spitze der Regierung geblieben. Nach dem Ablauf der zehnjährigen Periode seiner ersten Präschenschaft wurde er von dem i. J. 1854 zusammengetretenen ordentlichen Congresse durch Acclamation für eine neue Periode von 10 Jahren wiedergewählt. Er nahm das Amt jedoch nur auf 3 Jahre an, wie er denn auch einem Antrage eines der Deputirten dieses Congresses, ihn zum Kaiser auszurufen und die Krone in seiner Familie erblich zu machen, sich widersetzt hatte. Nach Ablauf dieser Regierungsperiode, während welcher einige wichtige Veränderungen in dem Staatsgrundgesetze gemacht und namentlich der Artikel aufgehoben wurde, nach welchem Militärs von der Präsidentschaft ausgeschlossen waren und das Alter von 45 Jahren zur Wählbarkeit für dieselbe erforderlich war, versammelte sich ein außerordentlicher Congreß, um aufs Neue seine Präsidentschaft zu verlängern. Diesmal lehnte aber Lopez, nicht ohne Grund sein Alter und seine Krankheit anführend, entschieden die Wiederwahl ab, worauf der Congreß seinen Sohn, den General Francisco Solano Lopez, einstimmig zum Präsidenten ernannte. Indeß auch dieser lehnte dies Amt ab. Seine Unerfahrenheit vorschützend, worauf dann der Vater auf wiederholtes Ansuchen des Congresses sein Amt noch 7 Jahre ferner fortzuführen sich bereit erklärte. Mag dies, wie behauptet wird, ein zwischen Vater und Sohn abgekartetes Spiel gewesen seyn, so bezeugen diese Vorgänge doch entschieden, daß Lopez, obgleich damals schon von Krankheit gebeugt, noch immer absoluter Herr im Lande war, in welchem auch in der That das „Supremo Gobierno" fortwährend beim Volke noch dasselbe Prestige sich erhalten hatte, wie unter Francia's Dictatur. Nicht lange mehr jedoch vermochte der starke, völlig frisch gebliebene Geist dieses gewiß bedeutenden Mannes den durch zwanzigjährige excessive Arbeit siech gewordenen Körper noch aufrecht zu erhalten. Sich keine Illusionen über sein nahes Ende machend, ernannte er kraft des ihm durch das Gesetz vom 3. Nov. 1856 zugestandenen Rechts, über seine politische Succession Verfügung zu treffen, in einem am 13. Aug. 1862 unterschriebenen Testamente seinen ältesten Sohn, den General Francisco Solano, zum Vice-Präsidenten unter der Verpflichtung, unmittelbar nach dessen Tode einen Congreß behufs der Ernennung eines neuen Präsidenten (Presidente propietario) zu berufen. Lopez starb am 10. Sept. 1862, 65 Jahre alt. — Der Charakter seiner Regierung ist schon im Vorhergehenden angedeutet worden. Im Princip wich seine Politik nicht eigentlich von der Francia's ab. Wie diesem so war auch ihm das höchste Ziel, die Revolution von Paraguay fern zu halten und die Unabhängigkeit der Republik zu bewahren und zu befestigen. Francia hatte eine Generation geschaffen, erfüllt von seinen Ideen einer Isolirungspolitik und von seinen nationalökonomischen Ansichten. Lopez berücksichtigte vollkommen die vorhandenen Zustände. Allein er suchte eine Art von persönlichem Ehrgeiz darin, das Land allmählich aus der vollständigen Erstarrung zu erwecken, in welcher es durch die excessive Centralisation gehalten worden, und indem er die Freiheit der Schifffahrt proklamirte und Paraguay dem auswärtigen Handel eröffnete, hat er dem Lande eine ganz neue Situation gegeben, in welcher die traditionelle conservative Politik wohl noch mehr als einmal einer liberalen Entwickelung der Interessen den Weg versperren konnte, mit der aber ein gewisser Fortschritt in der Prosperität nothwendig gegeben war. Und so hat auch in der That die Eröffnung der paraguayischen Häfen ganz neue Bedingungen geschaffen und nicht wenig dazu beigetragen, unter allen Classen der Bevölkerung den Geschmack an der Civilisation und auch an den mehr europäisch gefärbten Einrichtungen zu verbreiten, welche sein Nachfolger, auch in der Etikette seines Hofes, wenn man so sagen darf, eingeführt hat.

Der nach den Bestimmungen des verstorbenen Präsidenten alsbald berufene außerordentliche Congreß erfüllte den Wunsch des Vaters und ernannte den General Lopez am 16. Oct. 1862 einstimmig zum Präsidenten.

Der neue Präsident, der 1827 geboren ist und zuletzt unter seinem Vater Kriegs- und Marine-Minister und Oberbefehlshaber der Armee war, hatte eine von der seines Vaters sehr verschiedene Erziehung erhalten und erweckte deshalb bei Manchen die Erwartung einer großen Veränderung in den politischen Verhältnissen Paraguay's. Während sein Vater, der in Asuncion seine Studien auf dem dortigen Colegio gemacht und daselbst eine Zeitlang erst als Lehrer an diesem Institute, darauf als Advokat gelebt, sich aber, als die Ausübung dieses Berufes unter Francia gefährlich geworden, auf seine Güter zurückgezogen und bis zu seiner Erwählung zum Consul i. J. 1841 niemals Antheil an den Staatsgeschäften Antheil genommen hatte, war sein Sohn Francisco Solano von ihm schon sehr früh in den Staatsdienst hineingezogen worden. Für die militärische Laufbahn bestimmt, wurde er doch fast noch als Kind i. J. 1842 schon mit einer diplomatischen Mission nach Buenos Aires betraut, die aber bei der damaligen Feindschaft des Rosas gegen Paraguay ohne den gewünschten Erfolg blieb. Vier Jahre darauf commandirte er bereits als Oberst (Coronel mayor) die Truppen Paraguay's gegen die des Rosas in Corrientes. Im J. 1853 wurde er als bevollmächtigter Minister Paraguay's in Begleitung seines jüngeren Bruders und einer großen Suite von Secretären und Offizieren nach Europa geschickt, wo er ebenso wie auf der Hinreise in Brasilien, in London, Florenz, Turin, Rom und vornehmlich in Paris sehr zuvorkommend aufgenommen wurde, und ohne Zweifel ist dieser Besuch Europa's von großem Einfluß auf die Erweiterung des politischen und socialen Gesichtskreises des jungen paraguayischen Generals gewesen, wenn auch vielleicht nicht ganz in der von seinem Vater durch diese Mission beabsichtigten Richtung, den er u. a. später durch einen auf dieser Reise mit einem Handelshause in Bordeaux abgeschlossenen Contract über eine in Paraguay zu gründende französische Colonie in große Verlegenheit brachte. Auch konnte er wohl nicht ganz von dem fascinirenden Einflusse der glänzenden Außenseite der feinen pariser Gesellschaft verschont bleiben, den wie, wie wir schon wiederholt bemerkt haben, auf die zu ihrer Ausbildung nach Paris gesandten jungen Amerikaner auszuüben pflegt, und wird ihm auch nachgesagt, daß er neben manchen nützlichen Kenntnissen und Erfahrungen von dieser Reise auch Lebensanschauungen mitgebracht habe, die namentlich dem in Paraguay selbst in den reicheren Classen im Ganzen noch sehr einfachen, würdigen und durch die Cultur nicht beredten Familienleben, in welchem auch sein Vater den ächten Paraguayo repräsentirte, nicht entsprechen. Mag dem nun seyn wie es wolle, so schien es doch sehr berechtigt, von einem Präsidenten, der Europa auf diese Weise kennen gelernt hatte, die Erwartung zu hegen, daß er liberalen Ideen überhaupt ganz anders zugeneigt seyn werde, als sein Vater, ein reiner Typus des alten Paraguayo, es gewesen. Und hat er in der That diesen Erwartungen auch insofern entsprochen, als er Paraguay auch dem Einflusse der europäischen Intelligenz viel mehr öffnete, indem er namentlich eine größere Anzahl junger Leute nach Frankreich schickte, um sie dort für jede Art der Carriere, in der Justiz, der Administration, der Armee, der Industrie, des Handels, auszubilden zu lassen. Ebenso suchte er im Lande Verkehr und Handel zu heben durch Beförderung der Bildung industrieller Gesellschaften unter Zusicherung einer gewissen Dividende für das angelegte Capital, durch Erleichterung der Abgaben auf den Verkehr, durch Einführung von Schleppdampfern für den Waarentransport auf den Flüssen, Vornahme von Correctionen in denselben und wurde von ihm auch die Anlage einer Eisenbahn und eines Telegraphen unternommen. Auch in engere Verbindung mit den europäischen Regierungen suchte er Paraguay zu bringen durch Vervielfältigung der Gesandtschaften, um dadurch zugleich das Land in Europa bekannter werden zu lassen, wie er denn auch die Aengstlichkeit aufgegeben hat, die noch sein Vater, wenn auch lange nicht in dem Maaße wie Francia, doch noch der Bereisung und wissenschaftlichen Erforschung des Landes durch Fremde entgegensetzte, der z. B. noch i. J. 1845 die berühmte französische wissenschaftliche Expedition nach Süd-Amerika unter der Direction von Fr. de Castelnau, die dem Paraguay bis zum Fort Borbon (Olimpo) herabgekommen war, dort höflich zurückweisen ließ, »weil das eben durch eine Pest heimgesuchte Land sich zu seinem großen Bedauern nicht in dem Zustande befinde, der Untersuchungs-Commission die für ihre Arbeiten erforderlichen Hülfsmittel und Bequemlichkeiten darzubieten.« Dagegen scheint er mit dem leitenden Gedanken in seiner Politik ganz in den Traditionen seiner Vorgänger geblieben zu seyn. Auch ihm ist sein höchster Staatszweck die Bwahrung der Unabhängigkeit des paraguayischen Nationalitätsstaates geblieben, wie er sich aus dem besonderen Volkscharakter heraus entwickelt hat, und wenn er das Land mehr als sein Vorgänger dem auswärtigen Handel und der auswärtigen Industrie geöffnet hat, so scheint ein Hauptzweck dabei auch der gewesen zu seyn, dadurch die Hülfsquellen des Landes und die Mittel des Staates im Interesse seiner Vertheidigung gegen Außen zu erhöhen. Er hat dabei gestrebt, die Paraguayos zu einem „Volke in Waffen" zu machen und gleichzeitig mit der weiteren Eröffnung des Landes gegen Außen in demselben Kriegsmaterial angesammelt und Militärposten und Festungen angelegt, welche selbst in Europa großartig erscheinen würden und als Vertheidigungsmittel des Landes gegen jeden äußeren Feind vollkommen hinreichend zu seyn scheinen. Dem entsprechend ist auch seine auswärtige Politik ganz der Schule seines Vaters treu geblieben, unter dessen Augen er schon er sein Hauptdebüt in der Leitung der Verhandlungen mit dem brasilianischen Gesandten i. J. 1855 über die Grenzfrage gemacht hat, für welche er statt des damaligen Ministers des Auswärtigen von seinem Vater mit ausgedehnter Vollmacht (plenos poderes) ausgestattet wurde.

Paraguay hat das Unglück gehabt, nicht allein mit seinem nächsten Nachbarn, der Argentinischen Confederation und Brasilien, stets auf gespanntem Fuße sich zu befinden, was seiner ganzen Geschichte nach nicht wohl anders seyn konnte, sondern auch nach und nach mit allen seefahrenden Hauptnationen, mit Frankreich, Gr.-Britannien und den Vereinigten Staaten von Nord-Amerika, in ernste diplomatische Conflicte zu gerathen. Der Grund dieser Verwickelungen liegt theils wohl in der eigenthümlichen politischen Verfassung von Paraguay selbst, theils aber auch in der bei den genannten Staaten zur Gewohnheit gewordenen übermüthigen Behandlung der schwachen republikanischen Staaten Süd-Amerika's, die das kleine Paraguay allein sich niemals hat gefallen lassen wollen. Der erste dieser Conflicte und der Eröffnung Paraguay's für den auswärtigen Verkehr entstand i. J. 1858 mit Frankreich über die Behandlung der Franzosen, welche auf Veranlassung des Generals Francisco Lopez nach Paraguay gekommen waren und dort die Colonie Nuevo Bordeos gegründet hatten, in welcher sie bald in große Noth geriethen und von wo aus sie nun die Hülfe Frankreichs gegen die Regierung von Paraguay anriefen. Obgleich wohl ohne Zweifel das Mißlingen dieser Colonisation zum wesentlichen Theile die Schuld der Bordeauxer Handelshäuser war, mit welchem der Gen. Lopez den Auswanderungs-Contract abgeschlossen hatte, indem dieses die Angelegenheit als eine reine Handelsspeculation betrachtete und größtentheils ganz auswärtige Subjecte nach Paraguay schickte, um dafür die pr. Kopf ausbedungene Fracht einzucassiren, so gab der Präsident Lopez doch endlich nach und beschwichtigte die Forderungen Frankreichs durch Zurücksendung der ungufriedenen Einwanderer auf Kosten seiner Regierung. Eine schlimmere Wendung schienen die Beilang die Differenzen zu nehmen, welche mit den Vereinigten Staaten von Nord-Amerika über eine von dem Amerikanischen General-Consul Hopkins in Asuncion gegen die Regierung von Paraguay vorgebrachte Klage über Contractbruch in einer industriellen Unternehmung und über die Beschießung des amerikanischen Kriegsdampfers Waterwitch bei dem Versuche, den Parana aufwärts zu befahren, entstanden waren. Aber auch diese wurden nach einiger Zeit doch friedlich beigelegt, da eine über den Streit von Hopkins gegen die Regierung von Paraguay in New York, nach Vereinbarung beider Regierungen, zusammengetretene gemischte Commission ganz für Paraguay entschied und die Beleidigung der Amerikanischen Flagge dadurch als gemildert sich herausstellte, daß der Führer der Waterwitch in einen der steten Schifffahrt so geöffneten Canal eingelaufen war und der Präsident Lopez überdies sein Bedauern über diesen Vorgang aussprach, worauf das gute Einvernehmen zwischen beiden Staaten durch den Abschluß eines neuen Freundschafts-, Handels- und Schifffahrts-Vertrags i. J. 1859 bekräftigt wurde. Nicht zum Austrage war dagegen bis zum Ausbruch des Krieges von Paraguay mit Brasilien, der Argentinischen und der Orientalischen Republik vor i. J. 1858 mit Groß-Britannien entstandene Streit gekommen, so daß die großbritanische Gesandtschaft in Paraguay bis jetzt noch vacant geblieben ist. Die erste Veranlassung zu dieser Differenz mit Groß-Britannien gab das, wie es scheint, ungebührliche Auftreten seines außerordentlichen Gesandten W. D. Christie, desselben Diplomaten, der die auch in Europa bekannter gewordene lange Unterbrechung der diplomatischen Beziehungen zwischen Brasilien und Groß-Britannien veranlaßt hat. Dem kam aber bald noch eine insolente Reclamation des britischen Consuls in Asuncion wegen der Arretierung eines an einem hochverrätherischen Complott betheiligten Fremden, Canstatt mit Namen, der in Paraguay geboren sich seit 1832 in Paraguay etablirt hatte und nach seiner Arretirung den Schutz des britischen Consuls in Anspruch nahm, weil sein Vater britischer Unterthan gewesen, worauf der Consul nicht allein die unmittelbare Freilassung des Arretanten, sondern auch eine Entschädigung für denselben und eine Abbitte der Regierung von Paraguay wegen ihres Mangels an Respect gegen das britische Gouvernement verlangte. Statt diese Forderungen zu bewilligen, schickte die Regierung von Paraguay dem britischen Consul den von ihm

verlangten Paß und wendete sich durch eine würdig gehaltene Note direct an den britischen Minister der auswärtigen Angelegenheiten (Sir John Russel), die Angelegenheit darlegend und die
freundschaftliche Beilegung der entstandenen Differenz nachsuchend. Unvermuthet jedoch vielleicht
für die Regierung von Paraguay wurde diese Angelegenheit von Seiten des britischen Ministers
als eine internationale Frage von großer Bedeutung aufgefaßt, die der Ausscheidung der Kron-
juristen vorgelegt wurde und eine Zeitlang auch in der englischen Presse lebhaft besprochen worden
ist. Es kam nämlich in Frage, ob der in Uruguay geborene Canstadt als britischer Unterthan
anzusehen sei, weil sein Vater ein solcher gewesen, und wurde damit wieder eine Bestimmung
in den Gesetzen der meisten Staaten Süd-Amerika's über die Nationalität berührt, welche eine
unerschöpfliche Quelle des Streites zwischen ihnen und den Hauptstaaten Europa's geworden ist
und deshalb hier bei dieser Gelegenheit erwähnt werden muß. Die Gesetze der PlataStaaten
bestimmen nämlich ebenso wie auch die Brasiliens, daß die von Fremden in jenen Ländern geborenen Kinder, mit einiger Einschränkung, als Nationale des Staates, in welchem sie geboren,
anzusehen werden. Gegen diese Bestimmung haben namentlich Gr.-Britannien, Frankreich und
Spanien immer protestirt und dieselbe in vorkommenden Fällen, wie hier bei dem genannten
Canstadt, niemals anerkannt, und mußte endlich denn auch der Präsident von Paraguay ergreif-
fen, daß er den Canstadt, nachdem er zum Tode verurtheilt worden, begnadigte und unmittelbar darauf des Landes verwies. Die noch übrig bleibende Entschädigungsforderung für Canstadt
wurde schließlich, nach langen Verhandlungen, ebenfalls durch die Nachgiebigkeit des Präsidenten
erledigt, der auf Vermittlung des britischen Gesandten in Buenos Aires sich zu einer Inem-
nität verstand, nachdem er seinerseits von der britischen Regierung Genugthuung für eine Beleidigung erhalten hatte, welche der Republik dadurch zugefügt war, daß nach der Abreise des
Herrn Thornton aus Paraguay, ohne daß eine Kriegserklärung erfolgt war, zwei britische Ka-
nonenboote einen paraguayischen Kriegsdampfer, auf welchem sich der Sohn des Präsidenten,
der General Lopez, in Buenos Aires nach Beendigung einer diplomatischen Mission zur Rück-
reise eingeschifft hatte, auf dem R. Parana verfolgt und beschossen hatten, ohne ihn jedoch nehmen zu können.

Ist es so über alle diese Conflicte zu friedlichen Arrangements gekommen, so ist dagegen
der Streit Paraguay's mit Brasilien und seinen Alliirten zu einem Kampf auf Leben und Tod
für die Republik geworden. Die Veranlassung zu diesem Kriege ist schon S. 1123 erwähnt
worden und ebenso der heimliche Allianz-Tractat vom 1. Mai 1865, wodurch die Regierungen
von Brasilien, der Argentinischen Republik und Uruguay sich sollidarisch verpflichteten, den Krieg
nicht eher aufzugeben, als bis der gegenwärtige Präsident Lopez besiegt und gestürzt sei. Obgleich
dieser Tractat erklärt, daß die verbündeten Regierungen den Krieg nur gegen die Regierung, nicht
gegen das Volk von Paraguay führen, so zeigen doch die Verabredungen über das gegen Paraguay nach der Erreichung des gemeinschaftlichen Zweckes einzuhaltende Verfahren auf das
Deutlichste, daß die Besiegung des Präsidenten einer Eroberung und Inbesitznahme des Landes
ganz gleichkommen würde. Dies ist denn auch, nachdem dieser Tractat, in dessen Geheimhaltung
bis zur Unterwerfung des Präsidenten Lopez die Alliirten sich verpflichtet haben, bekannt geworden,
unmittelbar darnach von mehreren der übrigen Republiken erkannt und hat Perú auch schon mit
seinen Alliirten an der Südsee eine Protestation gegen die Trennung des Krieges der Alliirten
gegen Paraguay erlassen (9. Juli 1866), in welcher u. a. ziemlich klar ausgesprochen wird, daß
sie nicht zugeben würden, daß aus Paraguay ein „amerikanisches Polen" gemacht werde.
Zwar könne hiergegen eingewendet werden, daß Brasilien seine seierliche Erklärung beim Ein-
rücken in Uruguay, dort seine Eroberungen machen zu wollen, treu erfüllt, und daß man deshalb kein Recht habe, an der Aufrichtigkeit desselben Versprechens, Paraguay gegenüber, zu
zweifeln. Allein abgesehen davon, daß dieses Versprechen durch die Stipulationen der geheim abgeschlossenen Tripel-Allianz über die Behandlung Paraguay's nach dem Siege der gegenwärtigen
Regierung schon Lügen gestraft worden; ist es denn nicht zu erwarten, daß „nachdem nun so viel
Blut geflossen, die brasilianische Regierung sich von jener Versprechung für völlig enthobenen erklären, oder sich durch die öffentliche Meinung- in Brasilien zwingen lassen wird, Paraguay,
um den steten Consicten mit diesem brasilianisch-feindlichen Lande ein für allemal ein Ende zu machen,
einfach zu annectiren und so diese „Barriatur eines Staates" zu einem den aufgeklärten Ideen der
Gegenwart entsprechenden Staatswesen umzuarbeiten, d. h. in Wirklichkeit, zu zerstören?" —

Wir haben schon oben S. 1142 erwähnt, daß die auswärtige Politik Paraguay's wes-
sentlich durch die Furcht vor den Vergrößerungstendenzen Brasiliens geleitet wird, irregeleitet
wird. Diese Furcht ist ein Erbtheil aus der colonialen Zeit, welche übrigens alle anderen
Brasilien angrenzenden spanisch-amerikanischen Republiken mit Paraguay theilen und welche auch
in der That durch die Geschichte nur zu gerechtfertigt ist. Es ist unglaublich, mit welcher Zä-
higkeit und Schlauheit die Portugiesen in Süd-Amerika nach allen Seiten hin auf Kosten der
Spanier ihr Gebiet beinahe ohne durch Gewalt und selbst gegen alle Grenzverträge mit Spanien auszudehnen gewußt und auch immer verstanden haben, die wirkliche Feststellung von Grenz-
linien zufolge der über die Grenzen abzeichnenden Verträge zu hintertreiben, um die aus diesen Tractaten folgende Herausgabe widerrechtlich occupirter Gebiete zu vermeiden. Sehr lehr-
reich sind in dieser Beziehung namentlich die Arbeiten und Verhandlungen der spanischen und

portugiesischen Grenz-Commissionen, die zur Ausführung der Tractate von Utrecht (1715), von
Madrid (1751) und von San Ildefonso (1777) nach den spanisch-portugiesischen Grenzgebieten
geschickt worden sind. Diese Arbeiten haben ein außerordentlich wichtiges geographisches Material für die Kenntniß jener Länder geliefert, ihr politisches Resultat ist aber völlig Null geblieben, und schließlich war das Vordringen der Portugiesen überall ein erfolgreiches, sa in der
Banda Oriental, auf der Grätseite des Paraguay und namentlich im Becken des Amazonen-
stroms. (S. darüber unter Brasilien.) Ob Brasilien diese traditionelle Politik Portugals seinen Grenznachbaren gegenüber fortgesetzt habe, wollen wir hier rohin gestellt seyn lassen. Die
letzteren behaupten, daß nach den darüber gemachten Erfahrungen beim Hofe von Rio de Janeiro die Brasilianer in dieser Beziehung nicht aus der Art geschlagen seyen, und was insbesondere die Paraguayos anbetrifft, so berufen sie sich theils auf Facta, wie z. B. die Art, wie
Brasilien den ihm sehr günstigen Grenztcontract mit Uraguay vom J. 1851 erlangt habe, theils
auf officiöse Aeußerungen, wie z. B. die oft wiederkehrende Behauptung, daß alle Nachbarstaaten Brasiliens im La Plata-gebiete für ihre Unabhängigkeit der Protection Brasiliens bedürf-
ten (wie dies sich factisch denn auch insbesondere in dem Streite gegen Rosas bewahrheitet hat).
Besonderes Gewicht wird aber auf eine, wie versichert wird, durchaus verbürgte Aeußerung des
Regenten Padre Diego Hellad aus dem Jahre 1837 gelegt, und da diese selbst in officiellen
Schriften der Regierung von Paraguay angeführt wird, so sey es erlaubt, hier diese allerdings
pikante Anekdote mitzutheilen. Der genannte Geistliche, welcher während der Minderjährigkeit
des jetzigen Kaisers i. J. 1837 die Regentschaft führte, sprach in einer vertraulichen und frei-
müthigen Conversation mit dem Senator Padre Gustebio Diaz und dem Deputirten Cavetano
Almeida über die Zukunft Brasiliens die Ueberzeugung aus, daß die natürlichen Grenzen Brasiliens gegen S. der La Plata, der Parana und der Paraguay seyen, daß es das Bestreben
Brasiliens seyn müsse und seyn werde, diese Grenzen zu erreichen und daß dies nur eine Frage
der Zeit sey. Der Senator Gustebio wendete dagegen ein, daß dazu die Rechte Brasiliens doch
nicht ausreichten, worauf der Regent erwiderte: »daß statt Recht die Convenienciu sey.«
Und darnach ist allerdings wohl anzunehmen, daß diese schon vor 30 Jahren in Brasilien auf-
gestellte Politik dort, nachdem die Politik der „Convenance" in Europa die alten Verträge
zerrissen und die allein maaßgebende geworden, auch dort nicht begraben seyn wird, wenn sie
zu ihren nächsten Zielen auch realisirt worden seyn mag.

Erfreulich wie das erwähnte Hintreten der Schwester-Republiken für Paraguay ist, wenn
man es auch nur als eine moralische Unterstützung des Rechts des Kleinen gegen die Macht
des Großen ansehen will, so scheint es doch wie alles freie Zeugniß für Recht und Wahrheit
auch bereits sehr bedeutende materielle Folgen ausgeübt zu haben. Denn abgesehen davon, daß
durch dieses Auftreten der Republiken Süd-Amerika's die seither schon mehr und mehr in den
übrigen La Plata-staaten und insbesondere in der Argentinischen Republik hervorgetretene Opposition gegen das Bündniß mit Brasilien gegen Paraguay bereits eine solche Kraft erhalten hat,
daß die Regierungen dieser Staaten wohl genöthigt seyn werden, von dieser Allianz mit Brasilien abzulassen, oder sie irgend eine für das Erwarten fernere Aussicht erlangt haben, scheint
es auch gewiß, daß gerade dieses Vorgehen der Schwester-Republiken in Süd-Amerika die Regierung der Vereinigten Staaten von N-Amerika vornehmlich dazu veranlaßt hat, praktisch in
die Frage einzutreten und zu einer Weise ihre Vermittelung den kriegführenden Staaten anzubieten, die zwar, nach den neuesten Nachrichten, von Brasilien und der Argentinischen Republik
abgelehnt worden ist, die aber doch wesentlich dazu beigetragen zu haben scheint, daß seitdem
in den Operationen der Alliirten ein völliger Stillstand eingetreten ist. Und schon dies ist als
ein großer Vortheil für Paraguay zu betrachten, denn eine längere Waffenruhe zwischen den
Kriegführenden ist doch für die Truppen der Alliirten in ihrer gegenwärtigen Stellung fast schlimmer
als selbst eine Niederlage. Ueberdies ist aber mit Sicherheit vorauszusehen, daß, sollte nicht
etwa ein erneuertes Vermittelungsanerbieten der Vereinigten Staaten zum Frieden führen, Brasilien, welches schon jetzt factisch den Krieg allein führt, gezwungen seyn wird, denselben auch
allein in seinem Namen fortzusetzen, wodurch derselbe alsdann höchst wahrscheinlich in den Augen der Amerikaner ganz das Ansehen eines Krieges der Monarchie gegen die Republik
erlangen würde, und auf welche Seite dann die Vereinigten Staaten treten würden, ist wohl
nicht zweifelhaft.

So scheint denn noch einmal das kleine Paraguay vor der Vernichtung durch
Gewalt von Außen gerettet werden zu sollen. Und wir glauben, jeder wahre Freund
einer gesunden Entwickelung Süd-Amerika's wird sich darüber nur freuen müssen.
Zwar ist es für einen europäischen Gelehrten schwer, in dem gegenwärtigen Kriege der
Alliirten, unter denen offenbar Brasilien ganz dominirt, nicht für Brasilien Partei zu
nehmen, für den einzigen monarchischen Staat in Amerika, dessen Geschichte bereits
die überaus viel größere civilisatorische Macht der Monarchie für die Staaten Süd-
Amerika's bewiesen hat und wo gegenwärtig ein in jeder Beziehung ausgezeichneter
Fürst herrscht, unter dessen Regierung Brasilien so außerordentliche Fortschritte auf

der Bahn der Cultur, zum mindesten der materiellen, gemacht hat, daß dem Doctri-
narismus leicht die Ausdehnung seiner Machtsphäre als eine diesem Staate gestellte
Weltaufgabe erscheinen lassen kann, die um jeden Preis erfüllt werden müsse. Allein
ganz objectiv betrachtet, darf man doch nur wünschen, daß die Pläne der Alliirten
nicht gelingen. Es würden dadurch Culturelemente zerstört werden, die unserer Ueberzeugung nach eine Zukunft haben sollen. Wir sehen nämlich in Paraguay Dasjenige
verwirklicht, dessen Mangel in allen anderen Staaten Süd-Amerika's eine gesunde,
auf nationaler Basis stehende Culturentwickelung bisher verhindert hat. Paraguay ist
das einzige Land, in welchem die europäischen Eroberer und Colonisten die vorhandene Bevölkerung nicht ausgerottet oder zu einer der Cultur widerstrebenden Classe der
Bevölkerung erniedrigt haben, sondern mit derselben eine Verbindung eingegangen sind,
aus der eine homogene, das Land wahrhaft schon besitzende Bevölkerung entstanden ist,
eine Mischlingsrace zwar, in welcher das indianische Element nicht ausgelöscht ist, die
aber immer vorwaltender den Typus der, wenn man so sagen will, edleren Race, der
weißen, angenommen und trotz der keineswegs ganz zurücktretenden indianischen Beimischung sich vollkommen culturfähig bewiesen hat. Auch ihrer physischen Constitution
nach hat sich diese Mischlingsrace als durchaus entwicklungsfähig gezeigt und bildet
auch in dieser Beziehung die Bevölkerung von Paraguay einen interessanten Beweis für
die von den Naturforschern noch hin und wieder bezweifelte dauernde Propagationskraft
gemischter Menschenracen. Denn ohne allen Zweifel hat die Bevölkerung von Paraguay sich innerhalb des halben Jahrhunderts ihrer völligen Abgeschlossenheit gegen
Außen ganz außerordentlich vermehrt, und zeigt dabei durchaus keinen physischen Verfall der Race. Ein großer Vorzug, den Paraguay durch diese Gestaltung der Be-
völkerungsverhältnisse schon voraus hat, besteht nun darin, daß Paraguay bereits in
einem großen Theile seines Gebietes hinlänglich dicht bevölkert ist, um die Arbeit zu
thun, welche für die Culturentwickelung nothwendig ist, während alle übrigen Staaten Süd-Amerika's jetzt, um fortzuschreiten und um die nöthige Arbeiterbevölkerung
zur Cultur des eigentlich noch gar nicht in Besitz genommenen Bodens zu erlangen,
die fremde Einwanderung anrufen müssen, die aber nicht in hinlänglichem Maaße
kommen will und wo und wie sie kommt, die verschiedenartigsten Elemente bringt, aus
welchen ein nationales Chaos entsteht, dessen Abklärung zu einer national homogene-
ren Bevölkerung mindestens noch sehr lange Zeit erfordern wird und welches, bis es
dahin gelangt, noch große Gährungen wird durchmachen müssen, in welchen die besten
der jetzt in jenen Ländern vorhandenen altnationalen Culturelemente zu Grunde gehen werden. In Paraguay dagegen ermöglichte die jetzt schon vorhandene Bevölkerung
einen ruhigen stetigen Fortschritt, und daß ein weiterer Fortschritt zur Cultur für Paraguay, wenn es in der eingeschlagenen Bahn nicht von Außen gestört wird, möglich,
ja wahrscheinlich ist, dafür giebt die bisherige Entwickelung des Landes seit der Freiwerdung alle Garantien. Zwar durch die gewöhnliche europäische, doctrinäre Brille
angesehen erscheint die Schöpfung Francia's als die Carricatur eines Staates. Aber
man sollte doch jetzt schon auch bei uns erkannt haben, daß in der Neuen Welt die
staatlichen und gesellschaftlichen Entwickelungen sich nicht nach den Lehren unserer Com-
pendien vollziehen. Nach ihnen erscheint freilich vieles in Paraguay als absurd und
inhuman, was dort doch durchaus correct und volkstümlich oder wenigstens nothwendig ist. Paraguay wäre dem Nationalitäts-Principe zufolge sogar ein Staat im
eminenten Sinne des Wortes zu nennen, denn die Nationalitäts-Idee ist dort fast bis
zum Erceß gesteigert. In Paraguay ist das „Viva la República del Paraguay!
Independencia ó Muerto!" welches alle an das Volk gerichteten Proclamationen der
Regierung als Ueberschrift tragen, keine bloße Phrase, und so weit wir von der Anerkennung der Alleinherrschaft der Nationalitäts-Idee in der inneren und äußeren
Politik eines Staates entfernt sind, so halten wir doch den Cultus, wie er in Paraguay mit der „unabhängigen Nationalität" der Bevölkerung getrieben ist und noch
getrieben wird, bei einer derartigen Bevölkerung für ein fast nothwendiges Uebergangs-
stadium auf dem Wege zur Ausbildung einer wirklichen, in sich abgeschlossenen Na-

tionalität, wie jeder selbständige Staat sie fordert. Die Nationalität Paraguay's wird allerdings eine eigenthümliche, für den Europäer schwer zu verstehende Färbung behalten. Allein die Paraguayos sind auch keine europäische Race, sondern eben, wie wir gesehen haben, eine Race eigener Art, und da der Staat die organische Erscheinung eines Volkes ist, so wird auch der Staat Paraguay ein Staat eigenthümlicher Art seyn müssen. Dies hindert ihn aber gewiß nicht an seinem Theile an der gemeinsamen Aufgabe der Menschheit mitzuarbeiten. Gegenwärtig ist freilich Paraguay ohne Zweifel noch ein „unfertiger Staat", der sich den „Luxus einer parlamentarischen Regierung" noch nicht gönnen darf. Auch ist die Regierung dort noch mehr die einer aufgeklärten Despotie eines Militärstaates, was aber für Paraguay jedenfalls den nicht hoch genug anzuschlagenden Vortheil gehabt hat, daß es vor der fast endemischen Revolutions-Manie der alten spanischen Colonien Amerika's bewahrt worden ist. Unzweifelhaft ist aber Paraguay mehr und mehr zu verfassungsmäßigen Zuständen, freilich seiner Eigenart, fortgeschritten und vielleicht ist gerade Paraguay — vorausgesetzt, daß unter den an die Spitze der Regierung gestellten Persönlichkeiten, auf welchen allein noch lange das ganze Regierungssystem und die Entwickelung des Staates beruhen werden, mit der Machtfülle auch vor allem die unbestechliche Rechtschaffenheit und die persönliche Uneigennützigkeit Francia's, des Gründers dieses Staates, fortleben — dazu bestimmt, das erste Beispiel eines Culturstaates ächt amerikanischer Art zu werden. Und deßhalb mag es auch wohl gerechtfertigt erscheinen, daß wir hier uns bei der Betrachtung der socialen und politischen Verhältnisse dieses kleinen, noch so obscuren Staates so lange aufgehalten haben.

Der gegenwärtigen Verfassung nach bildet Paraguay eine Republik mit Trennung der drei sogenannten Staatsgewalten, der executiven, der legislativen und der richterlichen. Die executive Gewalt wird durch einen auf 10 Jahre gewählten Präsidenten ausgeübt, der aber mit fast allen Attributen einer wenig beschränkten monarchischen Regierung ausgestattet ist. Ein Vice-Präsident wird durch den Präsidenten in den durch die Constitution vorgeschriebenen Fällen ernannt. Die legislative Gewalt steht formell einem aus einer Kammer bestehenden, durch allgemeine und directe Wahlen gewählten Congreß (Congreso Soberano Nacional) zu, der indeß, obgleich seine ursprünglich äußerst beschränkten gesetzgeberischen Befugnisse nach und nach erweitert worden, doch factisch nur eine berathende Stimme hat und schon deshalb an der Gesetzgebung nicht viel Theil nehmen kann, weil der ordentliche Congreß nur alle 5 Jahre zusammentritt. Bei besonderen Anlässen werden vom Präsidenten außerordentliche Congresse berufen, wie u. a. behufs der Ermächtigung des Präsidenten zu Kriegserklärung, wie denn z. B. auch vor der Eröffnung des gegenwärtigen Krieges gegen Brasilien ein außerordentlicher Congreß berufen ist, dem von dem Präsidenten die mit Brasilien und der Argentinischen Republik entstandenen Streitfragen vorgelegt wurden und der darauf unter dem 18. März 1865 die Kriegserklärung gegen die Argentinische Regierung aussprach. Die Staatsgeschäfte werden durch vier Ministerien besorgt, das der Auswärtigen Angelegenheiten, des Innern, des Kriegs und der Marine und das der Finanzen. Die Minister werden vom Präsidenten ernannt und sind nur ihm verantwortlich. In der Verwaltung herrscht strengste Ordnung. Die Ausführung der Regierungsbefehle geschieht mit der größten Pünktlichkeit und kommen Unredlichkeit der Beamten gegen den Staat fast niemals vor, obgleich die Besoldungen sehr gering sind und viele Aemter umsonst verwaltet werden. Vortrefflich organisirt sind auch die Reisen auf Staatskosten (con auxilios), die auch Fremden, um das Land kennen zu lernen, bewilligt werden und bei denen die Reisenden auf einen von der Executive ausgestatteten Paß überall Quartier und Beförderung finden.

Die Finanz-Verwaltung befindet sich in guter Ordnung. Der Staat hat keine Schuld, sondern sogar noch Geld übrig, um zu 6 % jährlicher Zinsen, ungefähr der Hälfte der landesüblichen, an Private, die dessen zu industriellen Unternehmungen bedürfen, Geld auszuleihen, und auch an Fremde, die im Land solche Unternehmungen machen wollen. Die keine Zinsen tragenden Schatzbons, von welchen vor dem Kriege

bis zum Betrage von 900,000 Pesos ausgegeben waren, waren durch einen hinläng-
lichen Baarvorrath gedeckt. Das Haupteinkommen des Staates fließt aus seinem Yer-
ba-Monopol und seinen Staatsdomänen, welche i. J. 1857 1½ Millionen Pesos ein-
trugen, während in demselben Jahre die übrigen Einnahmen aus den Aus- und Ein-
fuhr-Zöllen, dem Stempel, der Verpachtung von Staatsländereien u. s. w. sich auf
800,000 Pes. beliefen. Im J. 1860 ergaben die Ausfuhr-Zölle 191,623 Pes., die
Einfuhr-Zölle 98,030 Pes., wobei zu bemerken, daß die Yerba-Maté und die rohen
und gegerbten Felle, welche vom Staate gekauft werden, keinen Ausfuhrzoll bezahlen.
Die Gesammteinnahmen des Staates betrugen i. J. 1860 12,441,323 Francs, die
Ausgaben ungefähr 12 Mill. Francs.

Paraguay hält eine unverhältnißmäßig große Militärmacht und ist ein Militär-
Staat mit allgemeiner Dienstpflicht. Die Kriegsmacht besteht aus der permanenten Armee, welche auf dem Friedensfuße sich auf 12,000 Mann aller Waffengattungen be-
läuft, von denen gewöhnlich 2,500 Mann in Garnison in der Hauptstadt liegen, während
der Rest auf die Festung Humaïta, das Lager von Cerra Vista und über die zahlreichen Grenzposten vertheilt ist, und aus der Reserve, die aus den Milizen der verschiedenen Departements besteht, welche auf 46,000 Mann angegeben wird. In Kriegszei-
ten werden auch diese eingezogen und soll nach offiziellen Angaben die paraguayische
Armee bei der Eröffnung des gegenwärtigen Krieges die Stärke von 60,000 Mann
gehabt haben und ferner trotz der großen Verluste auf dieser Höhe erhalten seyn, was
dadurch erreicht worden, daß auch alle Männer von 16 bis 55 Jahren, welche ihrer
Armuth wegen nicht in die Miliz eintreten konnten, in die Armee aufgenommen wurden. Die permanente Armee ist sehr gut ausgebildet und ausgerüstet, kostet aber wenig Geld, da die Soldaten aus den großen Staats-Estancias unterhalten werden und
fast gar keinen Sold bekommen, wogegen die Offiziere gut besoldet sind. Sehr gut
besoldet werden auch die Fremden, größtentheils Engländer, welche als Handwerker
dienen, und genießen dieselben auch einer sehr guten Behandlung und großer Freiheit,
so lange sie sich nicht in die politischen Angelegenheiten des Landes einmischen. Die
in der Hauptstadt in Casernen liegenden Soldaten erhalten zweimal des Tages eine
Stunde Urlaub, sich über die Stadt und ihre nächste Umgebungen zu zerstreuen, wo
ihre Familien, welche ihnen fast immer in ihre Garnison folgen, wohnen, von denen
sie mit unterhalten zu werden pflegen. Den ganzen übrigen Theil des Tages werden
sie militärisch ausgebildet oder zu Arbeiten in den Arsenälen, an öffentlichen Bauten
u. s. w. verwendet. Die Recrutirung ist ganz dem Ermessen des Präsidenten überlassen. Jeder Mann, auch der verheirathete, muß dienen. Die Eingezogenen bleiben
lange unter den Fahnen, als ihre Gegenwart für nöthig erachtet wird, und kehren,
wenn entlassen, auf die erste Requisition der Behörden unter dieselbe zurück. Der Paraguayo giebt einen vortrefflichen Soldaten ab, der voll Vertrauen zu seinen Führern
und zu sich selbst, äußeren politischen Einflüssen unzugänglich und mit großer Vaterlandsliebe erfüllt, vorzüglich für den Vertheidigungskrieg geeignet ist, wie die bisherige heldenmüthige Vertheidigung des Landes gegen die vereinigte Macht von Brasilien
und seiner Alliirten dargethan hat. Der Staat besitzt große Depots für Waffen aller Art, so wie für Bekleidungsgegenstände und für Munition, so daß im Nothfall
eine große Armee rasch ausgerüstet und die Festungen u. s. w. vollständig armirt
werden können. Unter den Festungen ist die von Humaïta, an einer großen Biegung (Vuelta) des Paraguay gelegen, die bedeutendste. Sie wurde zuerst i. J. 1835
während der Unterhandlungen mit dem Gesandten von Brasilien angelegt, der mit einer bedeutenden Flotte auf dem Paraná angekommen war, aber nur die Erlaubniß
erhielt, mit einem Kriegsschiffe nach Asuncion zu kommen. Zur Zeit der Expedition
der nordamerikanischen Water-Witch (1856) bildete sie schon eine „sehr formidable
Batterie", worauf sie während des Conflictes mit den Vereinigten Staaten von N.-A.
bedeutend verstärkt und nach und nach zu einer wirklichen Festung ausgebaut worden
ist. Sie liegt unter 27° 4′ 10″ S. u. 60° 47″ W. v. Paris nach Mouchez, 23
See-Meilen oberhalb der Mündung des Paraguay und 189 S.-M. unterhalb Asun-

cion (auf dem Fluſſe gemeſſen). Bei Humaïtá hat der Paraguay ſeine gröſte Tiefe (40 bis 50 Meter), zwiſchen hier und der Mündung beträgt dieſelbe aber nur 18 bis 20 und an einigen Stellen 21 engliſche Fuß. Die Feſtung beherrſcht den Paraguay vollkommen und wird vom Fluſſe aus für uneinnehmbar gehalten. Sie liegt auf dem durch die höchſten Anſchwellungen des Fluſſes nicht erreichten ſteilen Ufer (Barranca). Die ganze Biegung entlang, ungefähr 1500 Meter, iſt eine Reihe von Batterien errichtet, welche mit einander durch geſchützte Gänge verbunden und theilweiſe caſemattirt ſind. Die Zahl der Kanonen in dieſen Batterien betrug bereits vor dem Kriege an 100, worunter mehrere aus England bezogene Achtzigpfünder, und ſeitdem iſt die Regierung fortwährend auf die Verſtärkung bedacht geweſen. Innerhalb des von den Fortifikationen umſchriebenen Raumes ſind zahlreiche Gebäude zur Unterbringung einer ganzen Armee, Artillerieparks, Magazine, ein Hoſpital u. ſ. w. und auch eine Kirche errichtet. Nach Ausbruch des gegenwärtigen Krieges ſind unter den Kanonen von Humaïtá noch fünf Schooner quer über den Fluß vor Anker gelegt, über welche drei Ketten gezogen ſind. Unterhalb Humaïtá iſt auf derſelben Seite des Fluſſes ein zweites Fort von geringerem Umfange, das von Curupaiti, errichtet, bis zu welchem nach den letzten Nachrichten die Alliirten vorgedrungen waren, ohne es noch nehmen zu können, und zwiſchen Curupaiti bis Humaïtá iſt der Fluß überall mit Torpedos verſehen, deren fürchterliche Wirkung die braſilianiſche Flotte ſchon auf ihrem Wege bis in die Nähe von Curupaiti erfahren hat. Ein drittes zur Vertheidigung der Südgrenze beſtimmtes Fort iſt das von Itapiru am Paſo de la Patria des Paraná nahe ſeiner Mündung in den Paraguay. Dieſes Fort iſt von den Paraguayos nicht ernſtlich vertheidigt worden, dieſelben haben ſich vielmehr auf die Vertheidigung des ganz ſchmalen Landrückens beſchränkt, der ſich von da nach Humaïtá den Paraguay entlang hinzieht und auf dem in ungefähr 1 engl. M. Abſtand von einander eine Verſchanzung und eine Batterie errichtet worden und bei die Ueberwindung dieſer Poſten bis gegen Curupaiti den Alliirten bereits ſo große Opfer gekoſtet, daß nach den letzten Nachrichten (Mai 1867) der Krieg ſchon ſeit 4 Monaten nicht fortgeſetzt worden war.

Die Marine beſtand vor dem Kriege aus 3 Kriegsbriggs, 21 Dampfern und 15 kleinen Kanonenbooten, jedes mit einem 80pfündigen Armſtronggeſchoß verſehen. Außerdem hat man in dem gegenwärtigen Kriege eine Anzahl ſogen. Chatas, kleine flache, aus dem ſehr harten Holze des Quebracho colorado (i. S. 968) ſtark gebaute Fahrzeuge angewendet, welche auf dem Fluſſe an gewiſſen Stellen verankert ſind und eine Kanone vom ſchwerſten Kaliber tragen.

Das Wappen der Republik beſteht aus einem von einem Lorbeer- und einem Palmenzweige umgebenen Schilde mit einem fünfſtrahligen goldenen Stern in der Mitte auf weißem Grunde und der Legende: „República del Paraguay — Paz y Juſticia!“

Die Staats-Flagge beſteht aus drei gleich breiten horizontalen Streifen, oben roth, unten blau und in der Mitte weiß, im weißen Streifen mit einem Löwen an der Seite des Flaggenſtocks und dem Wappen der Republik an der anderen Seite.

Eingetheilt iſt die Republik in 25 Departementos oder Partidos, von denen 23 zwiſchen dem Paraná und Paraguay, 1 im Gran Chaco und 2 auf dem linken Ufer des Paraná liegen. Dieſelben enthalten im Ganzen nur eine Stadt (Ciudad) und 10 Villas. Hauptſtadt der Republik iſt Aſuncion unter 25° 16′ 29″ S. Br. u. 57° 42′ 42″ W. L. von Greenw. nach Page.

1. Das Departemento Central, welches die Hauptſtadt und 16 Militärdiſtricte umfaßt, liegt auf der Oſtſeite des R. Paraguay und grenzt gegen S. an d. Dep. von Oliva, im O. an d. Dep. de la Cordillera und im R. an

b. Dep. von Roſario und umfaßt einen der ſchönſten und am beſten bevölkerten und cultivirten Theile der Republik. Angebaut werden vornehmlich Mais und Mandioca, doch iſt auch die Cultur von Zuckerrohr und Reis ziemlich bedeutend. Auch der Gartenbau ist in diesem Dep. weiter fortgeschritten, besonders in den Umgebungen der Hauptstadt und liefert derselbe u. a. auch eine große Menge schöner Äpfel etc., nen. Die Zahl der Einwohner betrug nach der Zählung von 1857 396,628 Seelen.

Hauptst. des Departements und der ganzen Republik ist Asuncion, vollständig Nuestra Señora de la Asuncion, am R. Paraguay unter 25° 16' 49" S. Br. u. 59° 57' 27" W. L. v. Paris nach Mouchez (25° 16' 29" S. u. 57° 42' 42" W. v. Gerw. nach Page; 25° 16' 41" S. u. 59° 59' 56" W. v. Paris nach Azara), 182 e. M. über Buenos Aires nach Page, 77 Mei. üb. r. Meere nach Mouchez gelegen. Die Stadt ist i. J. 1536 von Juan de Ayolas gegründet und war bis 1620 Hauptstadt aller spanischen Länder des Rio de la Plata, ist aber nicht, wie sonst fast allgemein die Städte im spanischen Amerika, nach einem regelmäßigen Plane angelegt und hat niemals ein eigentlich hauptstädtisches Aussehn erlangt. Franzia, der einige breite und gerade Straßen haben wollte, hat die Stadt zum Theil umgebaut und dazu selbst die Eigenthümer gezwungen, in den größeren Straßen ihre Häuser, die nicht in der projectirten geraden Linie lagen, abzureißen und nach Vorschrift wieder aufzubauen. Doch ward dessenungeachtet und obgleich später manche ansehnliche Gebäude errichtet worden, Asuncion noch immer den Eindruck einer unregelmäßig und schlecht gebauten Stadt. Die Straßen sind nicht gepflastert und nur einige haben ein schmales Trottoir von Ziegeln für Fußgänger. Die Häuser sind mit wenigen Ausnahmen nur einstöckig aus Adobes (ungebrannten Lehmziegeln) aufgeführt und mit Ziegeln gedeckt; eine große Zahl von ihnen ist an der Straßenseite mit einem Säulengange versehen. Wenige Häuser haben kleine Gärten und diese pflegen schlecht gehalten zu seyn. In neuerer Zeit sind jedoch mehr ansehnliche zweistöckige Häuser entstanden. Das schönste Gebäude der Stadt ist die von 1842 bis 1845 neu aufgeführte Kathedrale im Renaissancestil, wenig ansehnlich sind dagegen die beiden übrigen Kirchen der Stadt und die drei bei Vorstädte. Das Regierungspalais ist ein großes einstöckiges Gebäude mit 2 Façaden und einem Säulengange. Von bemerkenswerther Architektur ist aber das neue, im Bau noch nicht ganz vollendete Stadthaus (Cabildo), in welchem der Congreß seine Sitzungen hält. Der Bau eines Theaters ist angefangen. Mehrere Casernen, von denen 2 Klöster gewesen, sind geräumig und in gutem Zustande. — Die Stadt ist der Sitz der Regierung der Republik und einer Bischofs und hat gewöhnlich eine ziemlich starke Garnison. Asuncion hatte zu Ende des vorigen Jahrhunderts etwa 7,500 Einwohner, unter Francia stieg die Bevölkerung auf

14 bis 15,000 und nach dem Census von 1857 betrug sie mit den Vorstädten 48,000. An Unterrichtsanstalten enthält sie eine höhere Schule (Instituto de Ensenanza) und eine ziemliche Anzahl öffentlicher Primär- und Privatschulen. Von Wohlthätigkeits-Anstalten ist nur das Militär-Hospital von Bedeutung. Die Stadt liegt auf dem hohen Ufer des Paraguay's, der hier eine kleine Bucht bildet. Früher richteten die Anschwellungen des Flusses manchmal Verheerungen in dem ihm benachbarten Stadttheile an, neuerdings ist aber gegen dieselben ein solider Quai aufgeführt, an welchem der Hafen der Stadt und das Arsenal sich befinden. Letzteres ist in den letzten Jahren unter der Direction eines englischen Ingenieurs sehr vergrößert worden und besteht jetzt aus mehreren ansehnlichen Gebäuden, welche durch Dampf getriebene Holzsägerei, Eisengießerei, Schmieden und die übrigen für den Bau von Schiffen erforderlichen Werkstätten enthalten und welche bereits eine Anzahl von Dampfschiffen für die Marine geliefert haben. Der Hafen wird durch eine jedoch unbedeutende Batterie geschützt. Das Klima der Stadt ist gesund, doch steigt in der heißen Zeit die Temperatur zuweilen bis über 30° R. Als Vorstädte von Asuncion werden die nahen Dörfer La Recoleta und Lambaré betrachtet, letzteres am Paraguay unterhalb Asuncion, bekannt durch die dort stattfindende Salzgewinnung (s. S. 1117). Bei diesen beiden Dörfern befinden sich jetzt auch die Kirchhöfe der Stadt, während früher bis zur Präsidentschaft des älteren Lopez alle Leichen in den Kirchen selbst begraben wurden. Die Umgegend der Hauptstadt ist sehr gut angebaut und machen die ländlichen Wohnungen in denselben den Eindruck der Wohlhabenheit. Eine schöne landliche Besitzung der Familie Lopez dehnt sich den Paraguay entlang 6 engl. Meilen weit aus. Asuncion ist jetzt mit Villa Rica durch eine Eisenbahn verbunden (s. S. 1169). — Ibitey und Luque (unter 25° 15' 20" S. u. 59° 51' 13" v. Paris nach Azara), zwei größere Dörfer nahe im O. der Hauptstadt an der Eisenbahn. — Arequa (25° 19' 1" S. u. 59° 45' 38" W. nach Azara), ein 1538 angelegtes Indianerdorf auf den Höhen (Lomas) im O. der Hauptstadt, jetzt Eisenbahnstation. — Jtauguá, unter 25° 23' 54" S. u. 57° 47' 42" W. von Gerw. nach Page (25° 29' 44" S. u. 59° 43' 2" W. von Paris nach Azara), größere Ortschaft, 1728 gegründet, und Paraguary (25° 36' 51" S. u. 59° 29' 45" W.) *), 1775 gegründet, jetzt eine ziemlich bedeutende Villa, beide an der Eisenbahn in der fruchtbaren, vom schönen Pirocana-See bewässerten Ebene (Campo). — Ambuscada (25° 1' 42" S. u. 59° 44' 5" W.), in der Nähe des II. R. Piribebui, ebenfalls auf dem Abfall des ...

wähnten Hügellandes, 1749 mit Malatten zur Vertheidigung gegen Einfälle der Mbayas-Indianer gegründetes Dorf, welches auch i. J. 1854 wieder mit Negern 400 m. u. 600 w. Geschl. bevölkert worden. Der Ort besteht aus einem großen Platz, um welchen die Häuser herumliegen und hat eine pittoreske Lage in fruchtbarer Umgegend. Der II. N. Strebebung ist die Südgrenze einer großen Besitzung der Familie Lopez, welche sich den Paraguay entlang 14 engl. M. weit ununterbrochen bis zur Mündung des Rio Paraguay-Mini (v. h. A. Paraguay, den Arm des großen Flusses, in welchen der R. Manduvirá mündet) ausdehnt, auf welcher eine Menge Rindvieh und Schaafe gezogen und für die in dieser Bucht beschäftigten Leute ziemlich viel Mandioca und Mais erzeugt werden.

2. Das Dep. Rosario im R. des vorigen, am R. Paraguay zwischen den Flüssen Manduvirá (Manduvina) und Jejuy gelegen und gegen O. an d. Dep. San Stanislao grenzend, ist größtentheils niedrige Ebene, die aber gute Weideländereien enthält, weshalb in diesem Dep. viel Viehzucht getrieben wird, während die höheren Theile fruchtbares Ackerland darbieten, auf welchem auch viel Zuckerrohr gebaut wird. Der südöstliche Theil des Dep. wird fast ganz von dem großen Yberá oder See von Aguarásain eingenommen, aus welchem der R. Manduvirá zum Paraguay abfließt und der von diesem letzteren Fl. nur durch eine ziemlich schmale Landhöhe getrennt wird, welche bei sehr hohen Anschwellungen des Paraguay bis nach Rosario überschwemmt wird, wie z. B. 1853, wo hier der größte Theil des Viehes ertrank. — Die Zahl der Bewohner betrug nach der Zählung von 1857 18,912 Seelen, welche größtentheils zerstreut wohnen, indem das Dep. nur 3 Ortschaften hat, Rosario, San José im N.O. und Itacuruby im O. der ersteren.

Hauptort ist Rosario oder Puerto de Rosario, Villa auf einer Anhöhe eine halbe Legua von dem ll. R. Guarepeti und etwa 1 Legua vom R. Paraguay entfernt, durch eine gute Straße bis an den R. Guarepeti und von da an durch diesen, der unter dem älteren Lopez schiffbar gemacht worden, in leichte Communication mit dem Paraguay gebracht, ist aber noch ein unbedeutender Ort.

3. Das Dep. San Pedro liegt im R. des vorigen zwischen dem R. Jejuy und dem R. Ypané und dehnt sich vom R. Paraguay ostwärts bis in die unbewohnten Bergzweigungen der Cordillere de Amambay aus. Das Terrain ist durchschnittlich höher als in dem vorigen und wird in demselben deshalb mehr Ackerbau als Viehzucht betrieben, doch bildet die Hauptindustrie der Bewohner die Gewinnung von Wald in den Yerbales, welche sich in den waldreichen Innern des Dep. finden. Die Bevölkerung betrug 1857 74,119 Seelen.

Hauptort des Dep. ist San Pedro (Itati Mandyju, d. h. Quelle des Hügels, mit s. ln-

dianischen Namen, Yquamandeyu bei Rengger), unter 24° 6′ 12″ S. u. 59° 19′ 29″ W., Villa 1784 gegründet, ungefähr 2 Leguas vom R. Paraguay in gerader Linie entfernt und ½ Leg. im R. des R. Jejuy, der bis zu dem fl. Hafen[?] der Villa (Puerto de San Pedro, unter 24° 5′ 26″ S. Br. u. 57° 13′ 7″ W. L. v. Greenw. nach Page) für kleine Dampfschiffe fahrbar ist, aber wegen seiner vielen Sandbänke der Schifffahrt große Schwierigkeiten darbietet und unterhalb des Hafenortes sein durch hohes Ufer eingeschlossenes Bett hat und deshalb oft weil über dasselbe hinaus austritt. Der Ort hat etwa 7,000 Einw., die sich viel mit der Einsammlung der Yerba in den Yerbales im O. beschäftigen und ziemlich bedeutenden Handelsverkehr, doch leidet derselbe während der trockenen Jahreszeit durch Wassermangel, dem durch Eröffnung eines Canals vom R. Jejuy aus, der leicht ausführbar seyn soll und auch lange schon projectirt worden, abgeholfen werden könnte. San Pedro ist mit Waldungen umgeben, die sich zum Theil bis in den schlecht gebauten Ort hineinziehen, doch finden sich in der Nähe auch viele kleine Reiterhöfe. Außerdem hat das Dep. nur noch 2 fl. Ortschaften (Kirchdörfer), nämlich Ilma ungefähr 15 Leg. O.N.O. von S. Pedro am Aguaraymini, e. nördl. Zufluß des Jejuy, und Tacuati ungefähr 12 Leg. N.O., Indianerdorf an dem Ufer des R. Ypané.

4. Das Dep. Concepcion ist von großer Ausdehnung, indem es das ganze Territorium zwischen den Flüssen Ypané und Apa, mit Ausnahme des des Dep. Divino Salvador bildenden Theils umfaßt und sich vom R. Paraguay ostwärts bis zu den Quellen der genannten Flüsse ausdehnt. Der Distrikt wird von dem R. Aquidabanigan in 2 Sectionen getheilt, von welchen die nördlichere, da sie früher häufig den Einfällen der Indianer ausgesetzt war, noch wenig bewohnt ist, sich aber durch ihre schönen Weideflächen sehr gut zur Viehzucht eignet, während die südliche Section mehr Waldungen hat und mehr bevölkert und zum Theil auch schon mehr angebaut ist. In den Wäldern im Osten finden sich große Yerbales. Die Bevölkerung betrug 1857 31,562 Seelen.

Hauptort ist Concepcion, vollständ. Villa Real de la Concepcion, unter 23°23′56″ S. u. 57° 30′ 39″ W. v. Greenw. nach Page (23°23′8″ S. u. 59°35′4″ W. v. Paris nach Ayara; 23° 23′ S. u. 59° 23′ 27″ v. Paris nach Beaurepaire Rohan), am R. Paraguay, eine 1773 gegründete und durch einen sehr lebhaften Handel mit Yerba in der letzten Zeit der spanischen Herrschaft sehr wohlhabend gewordene Villa, die aber zu Anfang der Independenz wegen der bis dahin sich ausdehnenden Einfälle der nördlichen Indianer von den Einwohnern fast ganz verlassen und erst unter Francia, der sich für die Wiederherstellung des Ortes sehr interessirte, wieder bevölkert wurde und gegenwärtig etwa 3,000 Einw. hat, die vornehmlich von der Einsammlung der Yerba

Maté in den östlichen Herbales leben. Der früher blühende Handel des Orts ist aber durch die Beschränkung des Ausfuhrhandels auf Klimarien zerstört. Der Ort, der eine große Kirche, eine schöne Caserne und manche wohleingerichtete Häuser hat, liegt anmuthig, da seine Umgebungen häufigen Ueberschwemmungen ausgesetzt sind, sein Hafen jedoch ist gut. — An sonstigen Ortschaften enthält das Dep. nur noch ein etwas größeres Kirchdorf, Belen, unter 23° 26′ 17″ S. u. 59° 36′ 56″ W., ein 1740 von den Jesuiten gegründetes Indianerdorf in der Nähe des R. Ypané, der für ll. Fahrzeuge schiffbar ist und den Absatz der Producte der fruchtbaren und gut angebauten Umgegend begünstigt.

5. Das Depart. Divino Salvador umfaßt am R. Paraguay das Gebiet (zwischen dem Riacho Bläschen) des Rußpequ und der Mündung des Rio Apa landeinwärts bis zu den Bergen von Corumbá. Das Dep. enthält außer der schönen Waldungen auch viel gutes Wiesen und Ackerland, ist aber noch wenig bevölkert, weil die älteren Ansiedelungen in diesem Districte durch die nördlichen Indianer nach dem Aufhören der spanischen Herrschaft zerstört wurden und die Colonisation erst unter Francia nach Sicherung der Nordgrenze am R. Apa durch eine Reihe von Militärposten wieder angelangen hat. Im J. 1557 betrug die Bevölkerung 10,127 Seelen.

Hptort des Dep. ist Divino Salvador oder San Salvador unter 22° 4′ 45″ S. u. 57° 50′ 33″ W. v. Grw. nach Page, an der Stelle des unter Francia von den Indianern zerstörten Presidio Tevego wieder aufgebaute Villa am Paraguay, jetzt mit ungefähr 1,500 Einw. Der Ort, auf einem Plateau gelegen, hat hübsche Umgebungen und blühet, 70 engl. M. von Conception auf dem Flusse und 510 engl. M. von der Mündung desselben entfernt, jetzt die nördliche Niederlassung der Republik am R. Paraguay. Die Bewohner, die größtentheils von der Regierung hierher (n's Exil versetzt worden, sind arm und erhalten von derselben Fleisch, Maté u. s. w. geliefert. In der Nähe betreibende Kalkbrennereien, welche aus dem Gestein des Gebirges von Niapacaru-Mini den sämmtlichen Kalkbedarf für die Hauptstadt und die Ortschaften am Paraguay liefern.

6. Das Dep. Cañisias, in D. desjenigen von Rosario gelegen, von dem es durch den See von Aguararulat getrennt ist, und ostwärts mit unbestimmter Grenze sich bis ins Gebirge hinzieht, ist noch sehr wenig cultivirt, hatte 1857 nur 12,540 Einw. und enthält nur eine etwas größere Ortschaft, den Hauptort des Dep., San Cañisias, unter 24° 40′ S. u. 64° 32′ W. v. Grw., nach Page (23° 36′ 31″ S. u. 58° 55′ (1″ W. u. Ajara), 1740 von den Jesuiten gegründete Mission, die bis 1845 ihre alte Gemeindeverfassung hatte, auf einem Hügel gelegen, dessen Fuß von dem den Aguararulay-See zufließenden R.

Tapfracmal bespült wird. Die Hauptbeschäftigung der Bewohner besteht in der Einsammlung von Herba.

7. Das Dep. Yaatimi, ein Gebirgsdep. im N O. des vorigen, mit unbestimmter Grenze zu und nur zerstreut lebenden 6,700 Einw. Hptort ist Yaatimi oder Terercaui, früher S. Miguel, an e. Quellfluß (Yejuymini) des Rio Dejuy, eine 50 Leg. N.O. v. Asuncion u. 30 Leg. O. v. Rosario, e. Dorf m. einer Kirche.

8. Das Dep. ev. Caraguatá im S. des vorigen u. im O. des Dep. v. S. Cañisias, ein Gebirgsdep. mit unbestimmten Grenzen gegen O. und noch wenig bewohnt, 1857 m. 22,768 Einw. Das Departi. gehört zu denjenigen, in welchen Viehzucht wegen Mangel an salzhaltigem Boden (Karruro) nicht getrieben werden kann. Hptort ist San Isidro de Caraguatá unter 24° 28′ 10″ S. u. 58° 13′ 21″ W. nach Ajara, 1715 von Einwohnern aus Villa Rica gegründeter Flecken ungefähr 10 Leg. v. Yaatimi, dessen Bewohner vornehmlich sich mit der Einsammlung von Herba beschäftigen.

9. Das Dep. San Joaquim, im S. des vorigen m. unbestimmten Grenzen, sich, wie das vorige, nominell bis ins Baraná ausdehnend, größtentheils nur von wenigen unabhängigen Indianern bewohnt, 1857 mit 10,1115 ansässigen Einwohnern. Hptort S. Joaquim unter 25° 1′ 41″ S. u. 54° 32′ 16″ W., eine von d. Jesuiten 1746 gegründete Mission (Reduccion), ungefähr 40 Leg. in O.N.O. von Asuncion, mit ungefähr 30 Häusern u. e. Capelle und noch jetzt bis auf den Chef u. s. Familie nur von Guaraní-Indianern bewohnt, welche in den Herbales beschäftigt werden. (Nach Page unter 25° 1′ 49″ S. u. 56° 5′ 0″ W. u. nach Ajara. — Ohn unter 25° 3′ 14″ S. u. 65° 58′ 55″ W. v. Grw. nach Page, ebenfalls ein Indianerdorf, aber kleiner.

10. Das Dep. de la Cordillera, im O. desjenigen v. Asuncion u. im S. v. S. Cañisias, im N. aus Hügelland, im O. und niedrigen, zum Theil sumpfigen Ebenen bestehend, welche gegen die große Laguna Negra am Fuße des Gebirges (m O. abfallen. Der dieser Theil des Dep. gehört zu den gut bevölkerten Theilen des Landes und zählte dasselbe L. J. 110,407 Einw., welche sich vornehmlich mit Ackerbau beschäftigen. Hptort ist Caraguatay unter 25° 14′ S. u. 56° 53′ W. v. Gr. nach Page, ungefähr 20 Leg. O. v. Asuncion, ein Flecken von etwa 1,000 Einw. — Bei ihm liegt unter 25° 27′ 58″ S. u. 50° 23′ 31″ W. Flecken mit etwa 3,000 Einw., wie d. vorige auf dem Hügellande (Cordillera) gelegen. Die übrigen Ortschaften, wie Altira (23° 16′ 45″ S. und 50° 37′ 57″ W., 1539 gegründet), Tobaty (23° 15′ 26″ S. u. 57° 6′ 5″ W. v. Grw. nach Page, 1539 gegründet), Caacupe (25° 23′ 21″ S. u. 50° 25′ 20″ W., die alle auf dem westl. Hügellande liegen, sind größtentheils ehemalige Missionsdörfer, die bis 1848 ihre alte Gemeindeverfassung hatten und

nur aus Anſammlungen weniger Häuſer und Hütten um die Capelle beſtehen, indem die Bevölkerung größtentheils auf einzelnen Meierhöfen lebt. Zwiſchen Caraguatay und S. Eſtanislao liegen 2 große Staatsdomainen (Plantlos de la Patria), Jhaguari an dem fl. Fl. Aguay u. S. Miguel ungef. 6 Leg. im N. der vorigen, unter 24° 55′ 48″ S. u. 56° 33′ 47″ W. v. Grw. nach Page.

11. Das Depart. Villa Rica, im S. des vorigen u. gegen O. über das noch gar nicht bevölkerte Bergland bis z. Paraná ſich erſtreckend, iſt im weſtl. Theile meiſt niedrig und ſumpfig, aber fruchtbar. Die Bevölkerung des Dep., die ganz auf den weſtl. Theil beſchränkt iſt, beträgt nach der Zählung von 1857 109,776 Seelen.

Hauptort iſt Villa Rica, vollſtändig S. R. del Espiritu Santo, unter 25° 47′ 18″ S. u. 56° 30′ 20″ W. v Greenw. nach Page (26° 48′ 55″ S. u. 58° 51′ 59″ Ll. u. Azara). Die zuerſt unter dieſem Namen 1576 gegründete Villa lag in der Provinz Guayrá auf der Oſtſeite des Paraná, von wo die Bevölkerung nach der Zerſtörung der Miſſionen auf jener Seite des Paraná durch die Braſilianer, zuſammen mit derjenigen von Ciudad Real, welche weiter nördlich auf der Oſtſeite des Paraná oberhalb ſeiner großen Fälle lag, verſetzt ward und nachdem ſie mehrermale ihren Wohnſitz verlegt hatte, endlich i. J. 1680 die jetzige Villa erbaute. Sie liegt an einer Anhöhe einige Leguas im O. des R. Tebicuary mini und iſt gegenwärtig die zweite Stadt der Republik, hat manche anſehnliche Häuſer, eine große Kirche (Kathedrale) und ein ehemaliges Franciscanerkloſter und ſoll jetzt nach Page 20 bis 25,000 Ew. haben. Die Jeſuiten hatten hier ein großes Inſtitut, deſſen Gebäude u. Kirche aber von Francia niedergeriſſen wurden, um an deren Stelle eine unanſehnliche Capelle zu errichten. Die Umgegend iſt ſehr fruchtbar und liefert u. a. den größten Theil des beſten Tabacks der Republik, ſo wie eine Maſſe der ſchönſten Apfelſinen und wird mit der Eröffnung der Eiſenbahn nach Aſuncion die Stadt wahrſcheinlich einen großen Aufſchwung nehmen, denn der ganze Landſtrich zwiſchen Villa Rica und Aſuncion iſt ſehr gut bevölkert und beſteht aus einer mit Hügelland abwechſelnden fruchtbaren ſchönen Ebene, in welcher vortreffliche Weidelandereien vorhanden, während die höheren Theile mehr für den Ackerbau benutzt werden und mit Meierhöfen bedeckt ſind und auf den bewaldeten Hügeln (Lomas) die größeren Anſiedelungen (Pueblos, Pueblitas, Capillas) zu liegen pflegen. — Jtapé, 9 Leg. S.W. v. b. vorig. u. ¼ Leg. v. R. Tebicuarymini, der hier heran u. ſchiffbar iſt, und Jbiti imi 9 Leg. W.N.W. v. Villa Rica, größere Kirchdörfer zu ſehr bevölkerten Diſtrikten, die auch ſchöner Bauholz enthalten. — Caaguazú unter 25° 26′ 33″ S. u. 56° 5′ 35″ W. v. Grw. nach Page, ungef. 2 Leg. N.O. von Villa Rica im Quellengebiet des R. Monday, ein früherer Verbannungsort, ganz iſolirt inmitten von Herbales gelegen.

12. Das Dep. Acaay, im W. des vorig. u. gegen R. an Aſuncion, gegen W. an Oliva grenzend, theils eben, theils bergig, enthält ſchöne Wälder und reiche Clienerye. Bevölk. 1857 41,314 Seelen.

Hauptort iſt Acaay unter 25° 51′ 7″ S. u. 59° 27′ 57″ W., 1783 gegründetes Dorf. — Jblcuy unter 26° 0′ 54″ S. u. 59° 20′ 3″ W., e. 1766 gegründetes Dorf, jetzt eines der größten des Landes, ſchön gelegen am Fuße der Sierra Tatugua, mit fruchtbaren u. b. fl. R. Cañavay bewäſſerten, gut angebauten Umgebungen. Sechs Leguas davon liegen große, von der Regierung betriebene Eiſengruben und Hüttenwerke (Fabrica) unter 26° 5′ 32″ S. u. 57° 57′ 27″ W. v. Grw. nach Page.

13. Das Dep. Oliva, im W. des vorig. und im S. desjenigen v. Aſuncion, umfaßt den ſchmalen, ſehr fruchtbaren Landſtrich zwiſchen dem R. Paraguay und den Seen u. Sümpfen von Jpoa u. ſ. w. (ſ. S. 1145), welche es von dem Dep. Acaay trennen. Das Dep. hat hübſche Waldungen, namentlich am Paraguay ſchöne Haine der Palai-Palme, leidet aber häufig durch Ueberſchwemmungen dieſes Fluſſes. Bevölk. i. J. 1857 8,214 Seelen. Hauptort iſt die Villa de Oliva unter 26° 0′ 47″ S. u. 60° 10′ W. v. Paris nach Mouchez, am Paraguay etwas oberhalb der Mündung des Pilcomayo, freundlicher Flecken, auf einer etwa 20 F. üb. d. Fl. gelegenen fl. Hochfläche 1843 gegründet, aber nur aus einer kleinen Anzahl einſtöckiger, mit Palmenblättern bedeckter Häuſer beſtehend. — Villa Oliveta unter 25° 30′ 50″ S. u. 59° 52′ 41″ W. von Paris nach Mouchez, am Paraguay 62 engl. M. oberhalb Oliva, wo das höhere wellenförmige Land an ſängt, welches ſich am Paraguay bis nach der Hauptſtadt ausdehnt und mit angebauten wohlcultivirten Feldern von Mais, Mandiocca und Taback bedeckt iſt, welche mit ſchönen Palmenhainen abwechſeln.

14. Das Dep. Villa Franca im S. des vorigen, mit ganz ähnlichen Bodenverhältniſſen des Paraguay entlang ſich hinziehend. Bevölk. 1857 10,704 Seelen. Hauptort iſt Villa Franca unter 26° 14′ 50″ S. u. 60° 29′ 17″ W. v. Paris nach Mouchez, auf dem hohen Ufer des Paraguay 12 engl. M. unterhalb Oliva gelegen, aus einem vierſeitigen, gegen den Fluß zu offnen Platze beſtehend, deſſen drei übrige Seiten durch eine Reihe von niedrigen, mit Palmenblättern bedeckter Häuſer u. e. Kirche gebildet werden. Gleich unterhalb Villa Franca hört das erhöhete Terrain auf, welches den R. Paraguay vom R. Apa an auf dem linken Ufer begleitet und iſt von hier an bis zur Mündung das linke Ufer des Fluſſes häufigen Ueberſchwemmungen unterworfen.

15. Das Dep. Pilar erſtreckt ſich, im S. des vorigen und von demſelben durch den fl. baren R. Tebicuary getrennt, bis zur Südgrenze des Staates zwiſchen dem Paraguay und den großen Sümpfen von Neembucú u. ſ. w. Das Terrain iſt fruchtbar, aber vielentheils den Ueberſchwemmungen bei dem Anſchwellungen des

Paraguay ausgelegt. Die Bevölk. betrug nach
der Zählung von 1857 160,419 Seelen.

Hiezu ist Pilar, vollständig Villa del
Pilar de Reembucú, unter 26° 51' 9" S.
u. 61° 37' 42" W. von Paris nach Mouchez
(26° 51' 9" S. u. 58° 22' 35" W. v. Grw.
nach Page; 26° 52' 28" S. u. 60° 30' 24"
W. v. Paris) nach Ajara), großer Flecken am
Ufer des Paraguay 45 engl. M. oberhalb dessen Mündung, 1779 gegründet, bis zur Eröffnung der Schifffahrt auf dem Paraguay i.
J. 1851 unter dem früher mehr gebrauchten
Namen Reembucú der Haupthafen an diesem
Strome, bis zu welchem die auf besondern Erlaubniß zugelassenen Schiffe vorzulegen durften
und deshalb ein ziemlich lebhafter Handelsplatz,
der aber seit der Beschränkung des auswärtigen
Handels auf Asuncion sehr gelitten hat, während P., 30 engl. M. unterhalb der Mündung
des schiffbaren Tebicuary gelegen, ein wichtiger
Stapelplatz für die Producte des Innern werden könnte. Obgleich der Ort noch ziemlich
vielen Verkehr hat, unterscheidet er sich doch
nicht von den meisten übrigen kleinen Städten
des Landes, er besteht nur aus lauter unan-
sehnlichen, anständigen, meist mit Palmenblättern gedeckten Häusern. 25 engl. M. unterhalb
Pilar liegt die Festung Humaitá (s. S. 1192).

16. Das Dep. Caapucú, im O. derjenigen von Oliva und Villa Franca, von denselben aber durch große Sümpfe (Esteros Bellaco)
getrennt und im S. von Neach, umfaßt im
W. ein niedriges, sumpfiges Terrain, im O.
aber einen Theil des schönen Hügellandes, welches sich von N.W. her bis in das Gebiet der
Missionen ausdehnt und wird im S. von dem
R. Tebicuary begrenzt. Die Bevölkerung betrug 1857 zur 31,459 Seelen. — Hiezu ist
Caapucú unter 26° 11' 21" S. u. 59° 34'
19" W., 1787 gegründet Ortsstadt, in
deren Umgebungen jetzt reiche Eisensteinlager
bearbeitet werden.

17. Das Dep. Cordillerita, im O. des
vorigen und gegen O. von dem R. Tebicuary-
mini begrenzt, ist im W. hügelig, im O. eben
u. zum Theil sumpfig, hatte i. J. 1857 26,709
Ew. Hiezu Mbuapey an R. Tebicuary.

18. Das Dep. Caazapá, im O. des vorigen, zwischen dem R. Tebicuarymini u. dem
R. Dicoperra, u. anderen größeren nördlichen
Zuflüßen des R. Tebicuary, umfaßt ein Gebiet
voll von schön bewaldeten Hügeln u. Bergen,
welche fruchtbare und wohlangebaute Ebenen
(Campos) einschließen. Die Bevölk. betrug 1857
80,909 Seelen. Hauptort ist Caazapá unter
26° 11' 18" S. u. 58° 49' 45" W., i. 1607
angelegtes Indianerdorf (Reduccion).

19. Das Dep. Yuti, im O. des vorigen,
und in d. Oberflächenbeschaffenheit dieses ähnlich, aber im O. mit unbestimmten Grenzen sich
über das Bergland bis zum R. Paraná fort-
ziehend, hatte trotz seiner großen Ausdehnung
i. J. 1857 nur noch 10,205 Ew. ohne die we-

nigen im östl. Theile lebenden unabhängigen
Indianer. Der Boden dieses Depart., welcher
von dem oberen hier schon schiffbar werdenden
Tebicuary-Guazú durchflossen wird, ist wie auch
der größte Theil des vorigen Staateigenthum,
und bezahlen die Bewohner, welche gewissermaaßen Erbpächter sind, für die Benutzung desselben eine jährliche Rente von 2 Pesos für die
O.segua und ein Zehntel der erzielten Erzeugnisse. — Hiezu ist Yuti unter 26° 31' 5"
S. u. 56° 18' 42" W. v. Grenw. nach Page
(26° 36' 56" S. u. 58° 35' 44" W v. Paris
u. Ajara), eine 1610 gegründete Jesuiten-Mis-
sion, jetzt ein unbedeutendes Indianerdorf, da
die Bevölk. dieses Depart. größtentheils zerstreut
lebt auf einzelnen Meierhöfen, welche an den
Hügeln zu liegen pflegen und mit Orangenbaum-
pflanzungen, Mais, Mandioca und Tabaks-
feldern umgeben sind, während die Campos
gute Weiden für zahlreiches Vieh gewähren.
Einige Districte dieses abgelegenen Departem.
sind so gut bevölkert, wie die in den Umgebungen der Hauptstadt und würde dies Dep.
einen großen Aufschwung nehmen können, wenn
durch Eröffnung der Schifffahrt auf dem Tebicuary seinen reichen Producten, die jetzt auf
Ochsenkarren nach der Hauptstadt geführt werden müssen, eine wohlfeilere Ausfuhrstraße er-
öffnet würde.

**20. Dep. Missiones, 21. Dep. Soby u.
22. Dep. Encarnacion** umfassen das Gebiet
der ehemaligen Missionen der Jesuiten im R.
des Paraná, welches gegen R. durch den R.
Tebicuary begrenzt ward. Nach der Vertreibung
der Jesuiten wurde ihre Verwaltungseinrichtung
beibehalten, doch traten an deren Stelle weltliche Verwalter, wovon die Folge war, daß die
Indianer schnell in Armuth und Elend versanken, indem sie nun von den weltlichen Beamten ausgesogen wurden, während sie von den
Jesuiten zwar wie Unmündige, aber mit väter-
licher Milde und Liebe behandelt worden waren.
Der letzte spanische Gouverneur hatte den Ver-
such gemacht, diese schlimmer als Sklaven be-
handelten Indianer zu emancipiren und das den
Dörfern oder Communen gehörige Land unter
sie zu vertheilen. Da sie nun aber gar nicht
arbeiteten, so mußten sie wieder unter die alte
Zucht gestellt. Francia, unter welchem das
Gebiet der Missionen eine besondere Verwaltung
unter einem Subdelegado erhielt, beschränkte
die Willkür der Vorgesetzten, die bis dahin
alle Früchte der gemeinsamen Arbeit der Indianer in ihre Taschen gesteckt hatten, so daß der
Staat gar kein Einkommen aus den Missionen
erhielt, und ließ die Indianer meist unmittelbar
für Rechnung des Staates beschäftigen, wie
durch Baumwollenweberei, beim Bauwesen, durch
Holzfällen u. s. w. Diese Verwaltung hat sich
bis zum J. 1848 erhalten, wo der Präsident
Lopez durch ein Decret vom 7. October, in
Betracht, daß die Indianer durch den Mißbrauch
des alten Bevormundungssystems immer mehr
ausgesogen und an jedem Fortschritte verhindert würden, die bisherige Verfassung dieser

Missionsdörfer so wie derjenigen, welche noch in anderen Theilen der Republik seit der Zeit der Jesuiten ihre besondere Verwaltung nach dem System der Communität hatten, aufhob, die Gemeinheitsländereien der Dörfer für Staatseigenthum erklärte, den Indianern Freizügigkeit und denen, welche sich auf den Staatsländereien niederlassen und dieselben für sich bearbeiten wollten, auf drei Jahre Freiheit vom Zehnten, von Personalauflagen und von der geringen Pacht gewährte, welche die Inhaber von Staatsländereien bezahlen. Diese Maßregel soll wohlthätig auf diese Bevölkerung gewirkt und bereits einen beträchtlichen Theil derselben zu ordentlichen Ackerbauern umgewandelt haben.

Das Gebiet dieser ehemaligen Missionen gleicht seiner Bodengestaltung nach demjenigen der am besten ausgestatteten nördlichen Departements, indem es die nämliche Gestaltung von Hügelreihen zeigt, die durch Ebenen (Campos) und Niederungen getrennt werden. Allein ein großer Unterschied besteht darin, daß der Boden hier salzhaltig ist und sogen. Barreros sich finden, so daß das Gebiet sich auch vorzüglich zur Viehzucht eignet. Die Bevölkerung dieser 3 Departements betrug nach der Zählung i. J. 1857 202,081 Seelen, von denen allein auf das westliche, Misiones, 160,304 kamen.

Die früher stark bevölkerten Missionsortschaften sind jetzt größtentheils nur kleine Dörfer, die zusammen i. J. 1856, als U. de Mouffy sie besuchte, nur noch ungefähr 4,000 Ew. hatten, d. h. ungefähr ein Viertel derjenigen zu Ende des vorigen Jahrhunderts. Dagegen hat sich die Bevölkerung außerhalb derselben sehr vermehrt, wo sie größentheils als Arbeiterbevölkerung um die vielen zerstreut liegenden größeren Meierhöfe wohnt. — Gegenwärtig erinnern in diesem Gebiete nur noch die großen, zum Theil schönen Kirchen und Missionsgebäude in den alten Missionsortschaften so wie gewisse Sitten der Bevölkerung an die Zeit, in welcher dasselbe unter der ausschließlichen geistlichen Herrschaft standen. So ist es z. B. jetzt noch viel Gebrauch, daß die Arbeiter (Peones) der größeren Grundbesitzer an jedem Morgen zu ihrem Herrn mit dem Gruße „Ave Maria, sin peccado concebida" kommen, um von ihm den Segensspruch in der Guarani-Sprache zu empfangen. In den Missionsortschaften pflegt die Bauart die alte und neue Zeit neben einander; die Wohnungen, welche noch aus den Zeiten der Jesuiten her existiren, sind große, solide und massiv aufgeführte Häuser mit Ziegeln bedeckt; die seitdem erbauten Gebäude haben Wände aus Rohr und Lehm, wie die Ranchos (Hütten), die Ziegeldächer aber sind geblieben. Mehrere der Kirchen der Missionsdörfer enthielten noch bei der Freiwerdung vielen Schmuck und reiche Schätze an silbernen Gefäßen, Statuen u. s. w., deren sie vornehmlich erst durch Francia beraubt worden sind.

Die ehemaligen acht Missionsdörfer (Reducciones) dieser Missionen sind: Santa Maria da Fé unter 26° 48' 12" S. u. 59° 17' 50" W. In Santa Maria wurde Bonpland zuerst i. J. 1821 nach seiner Gefangennehmung im Gebiete der Occidental-Missionen, wo er Yerbales anzulegen versucht hatte, durch Francia internirt. Sta. Maria ist 1592 gegründet. Die aus Sandstein aufgeführte Kirche enthält noch sehr schöne Holzschnitzereien. — Santiago unter 27° 8' 40" S. und 39° 7' 30" W. (27° 7' 39" S. u. 66° 50' 21" W. v. Greenwich nach Page), ebenfalls schon 1592 gegründet und erst später in die Hände der Jesuiten gekommen. — San Ignacio Guazú oder Mayor unter 26° 54' 36" S. u. 60° 3' 10" W., 1609 von d. Jesuiten gegründet, in einer sehr schönen, abwechselnd Hügel und treffliche Weidegründe darbietenden Gegend gelegen. S. Ignacio Guazú ist, obgleich die älteste der Jesuiten-Missionen in diesem Theile von Paraguay, die am besten erhaltene. Es stehen noch drei Häuserquadrate von der Mission. Das Collegium, die Kirche und der Kirchhof bilden eine Seite des Hauptplatzes. Das Collegium ist groß, schön gebaut und vollkommen erhalten. Der ehemals dabei befindliche Garten existirt jedoch nicht mehr und der Kirchhof ist in Unordnung. Die Kirche ist sehr groß und neuerdings restaurirt worden, wobei jedoch die schadhaften steinernen Pfeiler durch hölzerne ersetzt wurden. Ebenso ist eine große silberne Lampe im Chore, das ganz von Bildern, Statuen und Sculpturen geschmückt ist, i. J. 1849 durch eine hölzerne ersetzt und nach Asuncion gebracht worden. — Santa Rosa unter 26° 53' 19" S. u. 59° 13' 37" W., 1698 gegründet, mit z. großen, sehr schönen Kirche, welche von dem Hauptportal bis zum Hauptaltar 115 Schritte mißt, ein Denkmal des Reichthums und der Macht der Jesuiten. Die Kirche ist aus Sandsteinquadern erbaut und ihr Inneres sehr reich ornamentirt. Das Chor ist mit Statuen von Heiligen bedeckt. Die 12 Säulen, welche das Schiff zu beiden Seiten tragen, enthalten in ihrem Unterraum die Statuen der 12 Apostel in mehr als Lebensgröße. Die Seiten-Capellen sind nicht weniger dekorirt. Die alten schönen Malereien sind aber theils durch die Zeit verdorben, theils durch neue, von Indianern roh ausgeführte ersetzt. Ein Taufstein aus Marmor enthält ein silbernes Wasserbecken, außer einem silbernen Becken in der Sacristei und großen versilberten Candelabern, der einzige Rest der früheren Reichthümer der Kirche, die nach und nach, durch die Vice-Könige von Buenos, unter der Dictatur von Francia und schließlich i. J. 1848 unter López entführt sind. Zwischen S. Rosa und S. Maria da Fé lebte auf einem Gebiete, Cerrito genannt, mehr als 9 Jahre lang im Exil der berühmte Reisegefährte 'Humboldt's, A. Bonpland, der zu Ende des J. 1821 auf dem linken Ufer des Paraná, wo er bei der Ortschaft Santa Ana eine große Hacienda zur Cultur der Yerba-Maté errichtet hatte, durch Soldaten Francia's aufgehoben worden war.

San Cosme unter 27° 19′ 55″ S. u. 55° 38′ 25″ W. (27° 19′ 9″ S. u. 56″ 24′ 45″ W. v. Grw. nach Page), nahe dem Paraná und der Mündung des fl. Al. Aguapey, auf e. kleinen Anhöhe, die eine prächtige Aussicht gewährt. Die Ortschaft, welche Ende des vorig. Jahrh. noch über 1000 Ew. hatte, wurde i. J. 1760 an der gegenwärtigen Stelle ¼ Lg. vom Paraná aufgebaut, nachdem die zuerst i. J. 1634 auf der Sierra Tapia auf der Ostseite des Uruguay gegründete Mission dieses Namens wegen der Bedrängniß durch die Portugiesen erst in die Nähe von Candelaria verlegt werden war. Die große, aus rothem Sandstein erbaute Kirche und das Collegium sind wohlerhalten. Die Einwohner treiben vornehmlich Zuckerbau und fabriziren auch einen groben gelben Zucker, den einzigen Zucker, der bis in die neueste Zeit in Paraguay erzeugt wurde. — Itapua, jetzt Villa de la Encarnacion, unter 27° 20′ 16″ S. u. 55° 11′ 55″ W., 1614 gegründet und am Paraná in sehr schöner Umgebung gelegen, war bei der Vertreibung der Jesuiten eine der blühendsten Missionsortschaften und gewissermaßen ein Stapelplatz, von dem aus sie die Producte der Missionen in großen 4—5 ß. tief gehenden Fahrzeugen nach Corrientes führten, so daß es nach Page wahrscheinlich ist, daß ungeachtet der Stromschnellen von Apipé der Paraná hierhin durch kleine Dampfschiffe werde befahren werden können. Die Ruinen einer Kirche und einige verfallende Gebäude sind jetzt Alles, was von dieser berühmtesten der ehemaligen Missionen am Paraná übrig geblieben ist. Die Kirche war eine der schönsten der Missionen, Francia plünderte sie, ließ sie aber stehen. Im J. 1848 fing man an sie einzureißen, da sie dem Präsidenten Lopez als so baufällig geschildert worden, daß sie den Einsturz drohe, was bei man sich aber von der großen Solidität des Bauwerks überzeugte, so daß der Präsident sehr bereut haben soll, zur Zerstörung eines der schönsten Baudenkmale der Jesuiten in diesem Lande beigetragen zu haben. Die ehemaligen Wohnungen der Padres, aus Quadern und Mauersteinen erbaut, befinden sich noch in vollkommen gutem Zustande und haben sich auch in ihrem Holzwerk so gut erhalten, daß, obgleich niemals eine Reparatur daran vorgenommen worden, sie jetzt noch als Amtsgebäude und Caserne dienen. Unter Francia erlangte Itapua vorübergehend dadurch eine Bedeutung, daß er dasselbe unter dem Namen einer Villa de la Encarnacion zum einzigen Stapelplatz für den auswärtigen Handel mit Brasilien machte. Die damals dort noch lebenden Indianer wurden anderswo verlegt und mit ihnen das Dorf El Carmen unter 27° 12′ 30″ S. u. 56° 19′ 21″ W. von Grw. nach Page, in der Nähe des Paraná 12 Lg. O. v. San Cosme gegründet. Gegenwärtig hat die V. de la Encarnacion nur als Grenzort, in welchem eine ziemlich starke Besatzung zu liegen pflegt, einige Bedeutung. — San Trinidad unter 27° 7′ 35″ S. u. 55° 3′ 55″ W., 1706 gegründet. — Jesus oder Jararuare unter 27° 2′ 36″ S. u. 55″ 24′ 2″ W., 1685 gegründet, 5 Lg. vom Paraná und am Südrande von Urwaldungen, welche sich von hier den ganzen Paraná aufwärts ziehen. Der Ort ist gegenwärtig sehr verfallen. Ein guter Weg führt zu einem Hafenplatz am Paraná, wo einige halbwilde Indianer wohnen und von dem aus einiger Verkehr mit den Piraßolas-Guaranis (s. S. 1161) am oberen Paraná unterhalten wird. Jesus ist die am weitesten am Paraná vorgerückte Mission, in welcher die Jesuiten bei ihrer Vertreibung eine großartige Kirche beinahe vollendet hatten, welche aber durch Francia niedergerissen ist.

Die beiden folgenden Depart. 23 Santo Tomas u. 24 Candelaria liegen auf dem südlichen Ufer des Paraná und umfassen das mit der Argentinischen Republik noch streitige Gebiet der ehemaligen sogen. Missiones Orientales (s. S. 1014, 1061 u. 1191). Die unter den Jesuiten blühenden 5 Missionen schätzten: Candelaria unter 27° 28′ 48″ S. u. 55° 6′ 31″ W., 1627 gegründet und am Paraná Itapua schräg gegenüber gelegen; Santa Ana unter 27° 23′ 45″ S. u. 55° 57′ 37″ W., 1633 gegründet; Loreto unter 27° 19′ 28″ S. u. 57° 53′ 35″ W., 1555 gegründet; San Ignacio-mini unter 27° 14′ 52″ S. u. 57° 54′ 11″ W., 1555 gegründet, und Corpus unter 27° 7′ 23″ S. u. 67° 51′ 27″ W., 1622 gegründet, alle in der Nähe des Paraná gelegen, welche nach der Vertreibung der Jesuiten zu Azara's Zeit zusammen noch über 6000 Guarani-Indianer hatten, sind gegenwärtig ganz verfallen. Francia versetzte die Indianer dieser Missionen nach denen auf dem Nordufer des Paraná (s. S. 1063) und nach der Zählung von 1857 befanden sich im ganzen Gebiete dieser beiden Departements nur 971 Einw.

25. Das Depart. Occidental, das einzige auf dem westlichen Ufer des R. Paraguay gelegene, umfaßt nominell den größten Theil des von Paraguay in Anspruch genommenen Gran Chaco, beschränkt sich aber in Wirklichkeit auf 2 fl. Ansiedelungen und eine Reihe zum Schutz derselben angelegter Militärposten und betrug die ganze Bevölkerung dieses Districts i. J. 1857 nur 4,125 Einw. — Die Hauptansiedelung, Villa Occidental genannt, auf einer Anhöhe nahe der Mündung des R. Confuso in den Paraguay gelegen, welche den Ueberschwemmungen des Flusses nicht ausgesetzt ist, wurde i. J 1855 von französischen Colonisten unter dem Namen Nueva Bordeos gegründet. Nach Auflösung dieser Colonie übernahm die Regierung die Colonisation durch Einheimische und soll dieselbe gegenwärtig in aufblühendem Zustande sich befinden. Die Einwohner besitzen schöne Viehheerden auf den die Colonie umgebenden, durch Militärposten vor den an-

abhängigen Chaco-Indianern geschützten ausgebreiteten Weideländereien und haben auch die höhern, zum Ackerbau sehr einträglichen Ländereien zu bestellen angefangen und namentlich Zuckerrohr in einigem Umfange mit Erfolg angebaut. Der Paraguay bietet bei dem Orte einen guten Hafenplatz dar, der auch für die Ausfuhr von Bauholz, an welchem die benachbarten Theile des Gran Chaco reich sind, wichtig werden kann. Ein anderes Dorf, Sau Bernancio oder Bilcomayo genannt, liegt im S. des vorigen auf der Nordseite des R. Bilcomayo am N. Paraguay, der Hauptstadt Asuncion gegenüber.

Außer diesen Ansiedelungen und Militärposten besitzt Paraguay im Gebiete des Gran Chaco nur noch das Fort Olimpo, ehemals Borbon genannt, auf dem rechten Ufer unter 21° 2' 7" S. Br. u. 640 11' 30" W. L. v. Paris nach Mouchau (21° 1' 39" S. Br. u. 570 35' 41" W. L. v. Grw. nach Page), auf dem nördlichen Abfall einer Hügelreihe, Sierro de Climpo, 4 F. über dem Kl. gelegen, der hier 1/3 engl. M. breit ist. Das Fort ist aus Sandstein erbaut und bildet ein Quadrat von etwa 100 F, mit Bastionen an den 4 Ecken, die allein für Geschütze bestimmt waren, indem die Mauern, 14 F, hoch und 2½ F. dick, ohne Schießscharten sind. Die Lage ist vortrefflich zur Beherrschung des Flusses, doch wird das Fort selbst wiederum durch die benachbarten Höhen beherrscht. Dasselbe wurde i. J. 1792 auf Befehl Carl's III. durch den Oberstlieutenant Zavala y Delgadillos nach einem von Azara entworfenen Plane erbaut, um als Barriere gegen die Uebergriffe der Portugiesen von Mato Grosso und gegen die Raubseligen Indianer der Chaco-Indianer zu dienen. Im J. 1842 legte Francia eine Garnison in dasselbe und i. J. 1845 fand Castelnau das Fort noch gut besetzt und armirt. Im J. 1859 wurde von dorten die Besatzung zurückgezogen, jedoch unter Aufrechthaltung der Ansprüche Paraguay's auf dasselbe und das umliegende Territorium, und nach der Eröffnung der Schifffahrt auf dem Paraguay für die Brasilianer bei Lorez das Fort von neuem in Besitz genommen. Dasselbe wird aber mit der Umgegend auch von der Republik Bolivia als ein Theil ihres Territoriums beansprucht, doch ist es ihr wegen der großen Entfernung der betreffenden Provinzen der Republik von diesem Fort bisher niemals möglich gewesen, davon Besitz zu ergreifen und kann Paraguay sich für sein Recht darauf berufen, daß das Fort auf Befehl des Gouverneurs von Paraguay, Joaquin Alos y Bru, durch eine von Asuncion ausgesandte Expedition gegründet worden und in der französischen Zeit wohl stets unter der Jurisdiction von Paraguay gestandenen hat.

Die Sierra von Olimpo ist mit schönen Waldungen bedeckt, welche Bauholz und auch vortreffliches Brennholz für Dampfschiffe enthalten und sind die Umgebungen des Forts auch sehr wohl zu Ansiedelungen geeignet. Gegenwärtig bildet dasselbe jedoch nur noch einen ganz isolirten Posten inmitten einer weiten Einöde.

(Für die Beschreibung der ehemaligen Missionsschaften der Jesuiten ist außer den oben angeführten Hülfsmitteln auch noch benutzt das werthvolle Werk des Canonicus J. P. Gay, Vicard von Sau Borja in den ehemaligen Orientalischen Missionen: Historia da Republica Jesuitica do Paraguay desde o descubrimento do Rio da Prata até nossos dias, anno de 1861; in: Revista trimensal do Instituto hist. geograph. e ethnogr. do Brasil etc. Tomo XXVI. Rio de Janeiro 1863.)

www.ingramcontent.com/pod-product-compliance
Lightning Source LLC
Chambersburg PA
CBHW030001030726
47499CB00008B/2839